20世纪 重大
发明故事

20 Shiji Zhongda
Faming Gushi

翟明秋 编著

U0293875

内蒙古出版集团
内蒙古科学技术出版社

图书在版编目（CIP）数据

20世纪重大发明故事 / 翟明秋编著. —赤峰：内
蒙古科学技术出版社，2013.12（2022.1重印）
ISBN 978-7-5380-2367-1

Ⅰ. ①2… Ⅱ. ①翟… Ⅲ. ①创造发明—世界—普及
读物 Ⅳ. ①N19-49

中国版本图书馆CIP数据核字（2013）第300715号

出版发行：内蒙古出版集团　内蒙古科学技术出版社
地　　址：赤峰市红山区哈达街南一段4号
邮　　编：024000
邮购电话：（0476）5888903
网　　址：www.nm-kj.cn
责任编辑：张文娟
封面设计：李树奎
图片提供：壹图网
印　　刷：三河市华东印刷有限公司
字　　数：170千
开　　本：700×1010　1/16
印　　张：10
版　　次：2013年12月第1版
印　　次：2022年1月第5次印刷
定　　价：58.00元

导 言

人类的文明史是一部充满发现和发明的历史。在人类历史的长河中，发明的浪潮从未间断。正是这一个又一个凝聚着人类知识和智慧的发明，推动着人类的文明和社会的进步。

在刚刚过去的20世纪中，有哪些重大发明？这些发明都是怎样产生的？发明家有哪些思想值得我们特别是青少年借鉴？有哪些品格值得我们学习？……这些问题都是许多读者想了解的。笔者依据多年累积的学习资料，查阅了大量的叙述近代发明的图书、杂志和报纸，加以归纳、整理和提炼写成了这本书，以供有兴趣的读者阅读和有志于发明创造的青少年参考。

20世纪的发明是数不胜数的，本书仅选出其中30项重大发明加以介绍。所谓重大发明，是指那些具有广泛影响和时代意义的发明，那些在社会经济和科学技术方面有重大作用的发明，那些比较明显地改变了人们生活方式的发明。书中介绍了这些重大发明的发明经过、发明家的生平事迹及这些发明对人类社会的影响等。每一项发明的介绍都单独成篇，尽量做到内容翔实、准确，并注意了故事性、趣味性和科学性。本书所列各项重大发明按动力机械、无线电电子、医药化工、材料器具的顺序排列。限于笔者的学识水平和篇幅，不当之处在所难免，欢迎读者批评指正。

目 录

18—19 世纪重大发明的
简单回顾

在讲述20世纪重大发明之前，我们有必要回顾一下18—19世纪重大发明。18世纪和19世纪都是人类发明的黄金世纪，因为有许多划时代的重大发明在这200年间问世。蒸汽机的广泛应用和机床的出现，使人类进入了以机械代替手工劳动的时代；而电的应用，电动机、电报、电话的出现，揭开了电气时代的序幕。这一时期，欧美大陆的发明犹如雨后春笋般出现，在科学设想和最终产品之间架起了一座座桥梁。发明，推动着人类文明进程。让我们简单回顾一下18—19世纪的重大发明吧！

18世纪最伟大的发明是蒸汽机，它的出现标志着人类历史上第一次工业革命的开始。早在1712年，英国纽科门就制成了世界上第一台活塞式蒸汽机，但直到50年以后，瓦特对蒸汽机进行了重大改进，使燃料费用降低75%，并发明了刚性连接活塞及将活塞杆由往复运动变成回转运动的方法，才使蒸汽机得以应用。瓦特被公认为是蒸汽机的发明人。

瓦特是一位乡间木匠的儿子，他在上中学时就显示出数学才华。当他在父亲的作坊里干过一段时间的活以后，就萌生了发明机器以减轻人的繁重劳动的想法。他曾在伦敦当过学徒工，在结识了著名的学者布莱克以后，从布莱克那里学到许多科学知识，并走上了创造发明的道路。1765年，瓦特产生了发明原动机的想法，10年后，制成了可以实际应用的蒸汽式原动机。

继瓦特之后，蒸汽机最重要的改进产物是由英国

蒸汽机的发明人——瓦特

1

的特里维西克和美国的伊迈斯制成的高
压蒸汽原动机。

特里维西克的父亲是一位维修水
泵原动机的工程师。特里维西克在父亲
的影响下从小就对原动机产生兴趣，20
岁时就成了修理原动机的内行。他在发
明高压蒸汽机之前，曾受到英国皇家学
会的两任会长——吉尔伯特和戴维的鼓

励。尽管瓦特曾强烈反对使用高压蒸汽机，认为高压蒸汽会引起锅炉爆炸，并以此来
威胁特里维西克，但这位并没受过正规教育的倔强的青年人，凭着自己的钻研精神
和顽强毅力，于19世纪初发明了高压蒸汽机。

另一位发明家——美国的伊迈斯关于高压蒸汽机的设想比特里维西克还要早10
多年。在18世纪70年代，当他听说有几个青年人把充满水的旧来福枪放在火中，水就
像填入炸药时一样向四处飞溅时，开始认识到高压蒸汽的力量。他虽然没有见过蒸汽
机，但决心研制高压蒸汽机。1800年，这位农民的儿子这样写道："与其碌碌无为地了
此一生，不如有所作为，我决心制造高压蒸汽机。"伊迈斯决心已下，就努力学习热力
学知识。1803年，他开始研制高压蒸汽机，并于几年后获得了成功。

把蒸汽机用于交通机械方面，改变了人们只能依靠人力和畜力进行运输的状况，
19世纪初，以蒸汽机为动力的蒸汽船和蒸汽机车开始出现。

世界上第一艘蒸汽船是英国发明家希明
顿建造的"夏洛特·邓达斯号"拖轮，它于1802
年在苏格兰的克莱德运河上进行了试航。第
二年，美国机械工程师富尔顿成功地在巴黎
塞纳河上驾驶蒸汽发动机驱动的汽艇行驶。
1804年，富尔顿访问英国时结识了希明顿和以
后制成"彗星号"蒸汽船的贝尔。发明家之间
相互交流发明经验，使蒸汽船很快投入实际
使用。1807年，美国的客轮开始采用蒸汽机作
为动力装置。

在铁路上最早试用蒸汽机车的是对蒸汽

早期蒸汽机模型

蒸汽机的发明彻底改变了人类的生产和生活面貌,拉开了人类工业文明的序幕。

机做出重大改进的英国发明家特里维西克。1804年,他制造的蒸汽机车最先行驶在威尔士以前的马车道上。英国著名工程师史蒂芬森发明的"火箭号"机车,于19世纪30年代投入使用,速度达到每小时32千米。从此,蒸汽机车作为重要的交通工具开始奔驰在世界各地的铁路上。

电的发现和电能的广泛应用极大地改变了人的生活方式,电报机、电话机和电动机的发明,把人类带进了电的世界。深刻研究电的性质并"捉住"雷电从而发明避雷针的是18世纪美国大科学家富兰克林,他曾因用自己身体试验雷电而被击昏,但最终统一了天电与地电。

电报机是19世纪初期的一项发明。英国的里奇、俄国的希林、德国的高斯和美国的亨利都是从对科学的兴趣和制造玩具的角度进行电报机的设计的。他们的电报系统很粗糙,不具备应用价值。

发明电报机并使其具备应用价值的是美国画家莫尔斯。1832年,年过40的莫尔斯在出访欧洲的轮船上得知关于电报的有关知识,并在欧洲大陆耳闻电报机的研究成果后深受鼓舞,决定放下画笔从事电报机的研制工作。莫尔斯只具备在耶鲁大学听过几节课的电学知识,当纽约大学教授盖尔得知莫尔斯决心研制电报机时,建议他向已经在这方面取得一定成果的亨利请教,莫尔斯虚心地这样做了。为了研制电报机,莫尔斯投入了任美术教授期间所得的全部收入,节衣缩食,有时连买面包的钱都没有了。经过一年的刻苦努力,1837年,他成功制成了电报机,并采用莫尔斯电码(长短不同的信号,分别代表26个英文字母)成功发报。就在这一年,英国的惠斯登、库仑,德国的斯泰因也各自独立研制成功电报机。

电话的发明首先归功于英国的发明家贝尔。他于1875年发明了电话装置,当时年仅28岁。贝尔1847年出生在苏格兰的书香门第,其祖父是伦敦大学声学教授,曾发明一种供聋哑人说话用的"视话方法"。受前辈们的影响,贝尔从小就对会话的本质研究产生兴趣。

1870年，贝尔移居加拿大，1873年被任命为美国波士顿大学声学教授，后来和他父亲一起在波士顿开创了一所聋哑人学校。一次在进行声波和电的关系实验时，贝尔意外地发现：在电流导通和截止的时候，螺旋线圈发出了噪声。这个不被留意的现象被贝尔不失时机地抓住，经过刻苦钻研，终于于1875年制成了电话机，并于6月2日和另一位发明家沃尔森成功进行了人类历史上第一次通话。第二年，贝尔的电话机取得了发明专利。

贝尔和他发明的电话

19世纪对美国来说，是发明的黄金时期。因为伟大的发明家爱迪生不仅生活在这一时期，而且这一时期有许许多多了不起的重大发明。爱迪生的第一个发明是在1868年完成的"自动投票记录机"。1871年，爱迪生在新泽西州建立"发明工厂"，并于第二年发明了二重电报机。1877年，他又发明了留声机。爱迪生被誉为"发明大王"。

18世纪的后半叶，英国的发明家斯旺、斯特恩等长期从事白炽电灯的研制工作，虽然取得了一些成果，但因灯丝很快被烧断而没有实用价值。1878年，发明大王爱迪生对电灯的研究产生兴趣，第二年10月，他试验了1600多种材料，终于发明寿命45小时的电灯泡，并于1882年制成了实用的电灯。从此，电灯给人类带来了永恒光明。

电动机是把电能转变成其他能量的电动机械。直流发电机的发明是科学家长期研究的结果，它源于1831年英国科学家法拉第发现电磁感应现象。19世纪五六十年代，众多的科学家和发明家都对直流电动机的发明做出过贡献，比如英国的惠茨通、德国的西门子等人。但是直到1870年，比利时的一位木匠格拉姆成功地制成了商用直流电动机。在这之后不久，南斯拉夫青年台恩拉发明了交流电动机。从此，电动机才开始造福于人类。

19世纪的另一项重大发明是机床和它的互换性零件。在机床的发明者当中，英国的莫兹利是首屈一指的功勋人物。莫兹利生于1761年，他12岁参加使用机械的劳动，15岁时到一家铁匠铺当学徒，并开始对铁器机械产生兴趣。当他19岁时，就已经设计制造出了可以制钥匙的机械。18世纪末，他发明了装有进给装置的机床。19世纪初，他的精密机床开始生产具有互换性的螺栓、螺帽等零件。从此，机床在加工各种机械、器具和工具方面显示了巨大作用。

内燃机是19世纪一项值得称道的发明，因为它为交通运输提供了比蒸汽机更为先进的动力。内燃机主要有汽油机和柴油机两种。汽油机是一种由燃烧汽油蒸汽和空气的混合物来产生动力的内燃机；柴油机是一种用压缩气体点火而不用电火花点火的内燃机。

汽油机的设想是法国人德罗夏斯于1862年首先提出的，但在以后的14年中没有制作成功。直到1876年德国工程师奥托发明了四冲程汽油机，才使汽油机具备了实用价值。德国的另一位技术专家本茨首先把汽油机用在汽车上作为驱动装置，使汽车体积缩小、速度加快。

链接 Links

18—19 世纪其他重大发明、发现列举

1709 年，意大利佛罗伦萨美第奇家族的一位乐器制作师克里斯托福里制作出世界上第一架钢琴。

1764 年，英国纺织工人詹姆斯·哈格里夫斯发明第一台现代机械纺纱机——珍妮纺纱机。

1845 年，罗伯特·汤姆森发明了第一个充气轮胎。

1855 年，英国工程师贝塞麦发明转炉炼钢法。

1859 年，英国生物学家达尔文出版《物种起源》。

1867 年，瑞典发明家诺贝尔发明安全炸药。

1897 年，英国物理学家汤姆逊发现物质结构的第一种基本粒子——电子。

发明大王——爱迪生

柴油机是德国工程师狄塞尔发明的。他在阿格斯堡工学院和慕尼黑高等工学院受过良好的技术教育，他在参加工作之初便撰写了一篇关于热效率的论文。经过4年的努力，他于1897年制成了第一台柴油机。在此之前，英国的斯特尔特曾于1890年发明了一种没有气化器和点火装置的柴油机。两者对比，后者没有实用价值。

18—19世纪的重要发明还涉及化学材料、器具等诸多方面。这些发明连同我们在本文中提到的各项发明，都为20世纪的重大发明打下了一个良好的基础。

飞 机

——人类直上蓝天的"翅膀"

　　1903年12月17日的清晨，天气异常寒冷。美国北卡罗来纳州基尔德维尔山麓基蒂霍克村附近一片空旷的沙滩上，停放着一架奇怪的机器。这架机器看上去像一个安着两个长翅膀、长着尾巴的大箱子，翅膀足有10米长。它就是人类有史以来第一架飞机——"飞人号"。在这寒冷的日子里，它将进行划时代的飞行表演。

　　"飞人号"的设计制造者是两兄弟威尔伯·莱特和奥维尔·莱特。他们为今天的表演进行了充分的准备，并于前一天贴出了试飞预告，希望有较多的人前来助兴。可是，由于受到"比空气重的机器是不可能飞行的"观点影响，人们根本不相信机器能飞，前来观看的只有几个人。

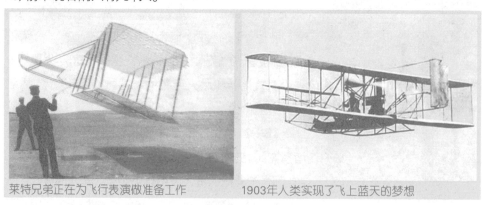

莱特兄弟正在为飞行表演做准备工作　　　　1903年人类实现了飞上蓝天的梦想

这天10点多钟，莱特兄弟对机器进行全面的最后调整之后，发动了机器。引擎开动了，两个螺旋桨开始转动，弟弟奥维尔·莱特登上了"飞人号"。因飞机上没有驾驶座位，他只好俯卧在一副摇篮形的操纵装置上。他慢慢打开了控制油流的阀门，把8800瓦的发动机开到最大油门。这时，停放在单轨滑行轨道上的"飞人号"开始缓缓地摇晃着向前移动了，并渐渐地加快了速度。当奥维尔拉动升降舵的操纵杆时，"飞人号"在螺旋桨的推动下竟然飞了起来。它跌跌撞撞地飞了12秒钟，便撞到了沙滩上。接着，兄弟二人在几名观众协助下又表演了3次，最后一飞历时一分钟，飞行200多米。

链接 **Links**

我国制造的第一架飞机是1909年冯如造的"冯如1号"，但它是在国外制造的。如果说在我国本土上由中国人自己设计和制造出来的第一架名副其实的国产飞机则是1923年由杨仙逸制造、由孙中山命名的"乐士文一号"。

"飞人号"的第一次飞行，虽然只有12秒钟时间，离开地面不过3米，飞行距离只有30多米，但这却是人类飞行史上一个伟大的里程碑。它打破了"人造的机器不能飞"这一自古以来的信条，为实现人飞上蓝天的千年梦想迈出了极为宝贵的第一步。1903年12月17日这一天，以光辉的"飞人号"试飞成功，载入了人类文明的史册。

飞上蓝天，是人类为之长期奋斗的愿望。早在我国汉朝，就有一位没有留下姓名的飞行家，用大鸟翎做成两只翅膀，在身上粘上许多鸟毛，进行飞行尝试。东汉末年，大科学家张衡设计制造了世界上最古老的飞行机械——独飞木雕。到中世纪，试图设计飞行机械的更是不乏其人。1483年，意大利著名画家达·芬奇，在分析了鸟的飞行原理之后，设计出扑翼式飞机图纸，只是由于受到科学水平的限制，他的设计没有变成现实。在这一时期，许多想飞的人在自己身上安上各种自制翅膀，从峭壁、山顶或塔尖上往下跳，尽管拼命扇动，却没有一个人成功。不少人为了飞，断送了性命。这不得不使人们暂时打消了用机械办法升空的想法，开辟另外的飞的途径。

1783年，法国人艾蒂安·蒙哥勒费最先发明了热气球，于是人们开始尝试用热气球带动物体飞行。后来，人们又采用氢气代替热气，于是气球飞行流行了一段时间。但是，由于气球无法经受风吹雨淋，也不好控制，所以没有作为交通工具被广泛应用。

1853年，英国发明家凯利通过观察鸟在天空飞行有时不扇动翅膀可以滑翔飞行的情况，经过仔细研究，制成了世界上第一架载人滑翔机，载着一个小孩飞上天空，开创了载人滑翔飞行的先河。人们并不满足于这种无动力的滑行，试图设计制造飞行机器的试验从未间断过。到了19世纪最后20年，英、美、法等国的发明家们纷纷在设计飞行机器方面进行实验，却一个接一个地失败了。于是人们得出结论：发明飞机和发明永动机一样，是不可能的事情。

德国的里连达尔不相信这一点，他在自己的著作中指出："人虽然不能像鸟那样振动翅膀飞行，但可以有一副不动的翅膀，利用风的浮力在天空飞行。"他还详细介绍了人造翅膀的构造和理想形式，并亲自进行了多次滑翔实验，不幸的是，他在1896年的一次滑翔实验中因遇到狂风而丧生。

先人的失败甚至遇难，并没有吓倒后来人，美国俄亥俄州的莱特兄弟沿着前人指出的道路，勇敢走了下去。

威尔伯生于1867年，弟弟奥维尔比他小4岁。他们从小就爱摆弄各种机器。受到进取心和好奇心的驱使，他们开始研究物体在空中悬浮的问题，研究最多的是风筝。

在当时，有关飞行试验的资料很少，但莱特兄弟尽量把能找到的资料都收集起来，他们最感兴趣的是关于滑翔机载人飞行的实验。因为这些消息激起并促进了他们设计制造飞行机器的决心和进程。

为了给他们的研究和试验提供经费，兄弟二人在1890年开设了自行车修理铺。他们既富于想象，又勤奋工作，使得生意兴隆。后来发展成"莱特自行车公司"，并设计制造了比较先进的凡克雷牌自行车。他们用做自行车生意赚来的钱造了一架一米多长的小型双翼飞机，像放风筝一样，把它送上天空。兄弟俩仔细研究怎样在有风条件下改变方向的问题，得出了用与拉线相连的小棍加以调节，使机梢保持不同迎风角度，可以控制飞机航向

链接 **Links**

飞机的发明缩短了世界的距离，提高了出行的效率，促进了人类交往、文化交流和经济的发展。但是飞机的发明也带来了一定的负面影响：大气环境的恶化、温室效应的加剧、能源紧张，同时也给生活在机场周围的人们带来了极大的噪音危害。

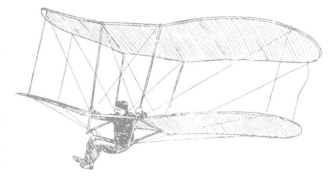

的结论，经过试验，果然灵验。这对于莱特兄弟以后的成功产生了深远的影响。

1900年，莱特兄弟制造出他们的第一架滑翔机。这是一架双翼机，利用放风筝的办法用绳子控制机翼平衡，通过前部的水平升降舵控制升降。滑翔机制成后，他们喜出望外，渴望早日试飞。可到什么地方试飞好呢？兄弟两人四处寻找飞行的地点。最后，被介绍到北卡罗来纳州基蒂霍克村附近的沙滩上，这里面向大西洋，稳定的海风时速达到30千米，沙滩平缓，没有树木，人烟稀少，适于飞行和起降，真是试飞的理想场所。1900年10月，威尔伯和奥维尔带着制好的飞机来到这里，先进行不载人的试飞，又进行载人试飞，均获得成功。多次试飞成功，不仅使兄弟两人大受鼓舞，而且也获得许多宝贵的试验数据。

1901年，莱特兄弟在岱敦市自己的自行车修理铺内建造了一个小型风洞，对几十种机翼模型进行升力、拉力试验。这年夏天，他们的第二架滑翔机制成，并在第一架试飞的沙滩上成功地进行了试飞。1902年，他们又造出了第三架滑翔机，后又改进了活动尾翼，用绳索和主机相连接，这样，就使得飞机可以倾斜转弯了。1902年的8月至10月，莱特兄弟用自己的滑翔机进行了上千次试飞，获得了宝贵的有关飞行的数据和计算方法。这使他们在飞行理论的研究方面，向前迈进了一大步。

他们的不屈不挠、勇于实践的发明创造精神，不仅使一般人十分敬佩，也感动了年近古稀的滑翔机权威塔维·沙努，老人除通过书信鼓励莱特兄弟，提出许多宝贵建议外，还不辞辛劳，亲自到岱敦和基蒂霍克去看望两位后生。这使兄弟俩倍受鼓舞，决心沿着发明飞机的道路，不停顿地走下去。

1903年夏，莱特兄弟认为进行动力飞行的试验条件已经具备，计划在滑翔机上安装当时最先进的汽油活塞发动机。但安装多大的发动机合适呢？他们不清楚，也不懂发动机的工作原理。于是，就一次又一次地往滑翔机上装沙袋进行试验，最后弄清了滑翔机的最大运载能力只有90千克。可是当时人们所能生产出来的最小的发动机也有140千克，怎么办呢？兄弟俩求教于一名叫狄拉的机械师。在狄拉的帮助下，费尽了周折，终于制造出一部4个汽缸、8800瓦、重70千克的发动机，安到滑翔机上。他们把这架安上发动机的飞机命名为"飞人号"。

"飞人号"的各种部件于1903年9月运到试飞地点，进行组装。首次试飞日期定于12月14日，用抽签办法决定试飞员由哥哥威尔伯担任，不料14日的试飞没有成功，还把飞机摔坏了。但兄弟俩没有灰心，经过3天的修理，12月17日又再次试飞。这次试飞的成功，使弟弟奥维尔成为世界上第一个驾驶比空气重的机器飞上天空的人。

飞机的发明者——奥威尔·莱特（右）和威尔伯·莱特

12月17日4次试飞成功，使莱特兄弟高兴极了，他们连夜给父亲老莱特发出了电报，请他转告新闻界加以报道。遗憾的是，只有少数几家新闻单位做了不切实际的报道。新闻界的冷漠态度虽然使莱特兄弟十分沮丧，但没有动摇他们继续干下去的决心。

1904年春，他们制造出比"飞人号"更重、更结实的"飞人2号"，发动机功率1.3千瓦，并做了几次成功的试飞表演。可他们邀请大批记者参观时，因为当天风小，飞行没有成功，引起新闻记者们的嘲弄。

这次飞行的失败，使莱特兄弟决心摆脱飞行对风的依赖，他们在起飞轨道上增设一个机械装置，利用重物下落的重力把飞机弹射出去，终于获得了成功，每次都能飞行一段距离。1904年9月20日，威尔伯驾驶飞机成功地绕试飞场地飞行了一周，以后兄弟俩又进行了更长距离的圆周飞行。

1905年冬，莱特兄弟制造出第三架"飞人号"。他们把机翼倾斜控制和尾舵控制分开，并掌握了不少减速进行转弯的驾驶方法，实现了"8字型"飞行，飞行时间超过半小时，最大距离将近40千米。这时，莱特兄弟确信他们的发明已经大功告成，便不再飞行，开始从事申请专利、推销发明工作。

1906年5月22日，莱特兄弟取得了发明飞行机器的专利，并引起了世界科学界和军事界的极大关注，飞机研制工作开始进入一个新的时期。1907年，第一架直升飞机由法国工程师设计出来；1910年，德国人尤卡斯制造出金属飞机；1914年，飞机首次用于战争；1941年，英国人怀特成功制造喷气机；1960年，飞机速度达到了音速的3倍。

这里，特别值得一提的是直升飞机的发明。

不用发动机垂直升空的装置始于1754年。俄国科学家罗蒙诺索夫为了把科学仪器送入大气层，设计了一种类似钟表发条的传动装置。但这种装置不能载人，也不能飞行，算不上直升飞机。1907年，法国工程师布鲁格设计出第一

第一架实用直升飞机

架能载人的直升机，它有4副双层机翼，可乘一名驾驶员。但由于飞机振动太厉害，无法操纵，仅升空一米多高，没有实用价值。此后，俄国的尤里叶夫设计的直升机曾于1912年做过表演，但因机翼不能旋转，升空性能不佳，也没有达到实用目的。

经过多次失败以后，人们认识到：研制直升飞机，旋转机翼是关键课题。1904年，雷纳首先提出需要在轮毂上铰接旋转翼，以减少加给旋转翼的应力。两年后，意大利的西罗索提出了旋转翼周期节距的控制方法，并由丹麦人埃尔汉马首先应用到直升飞机上。1918年，阿根廷的帕斯卡拉从升力旋转翼获得了水平推动力，并在现场证实了周期性节距控制法的飞行效果。但是，由于整个机械装置使用寿命太短，且缺乏稳定性，实际应用尚有较大困难。

虽然直升飞机的研制工作困难重重，收获甚微，但研制工作在整个欧洲和美洲从未间断。从20世纪20年代起，西班牙的西尔瓦开始研制旋转机翼，先后制成6架样机。他用机轴旋转翼使机翼在飞行前进和后退时左右两面的升力相等，以保持平衡。后来西尔瓦应邀去英国继续从事他的旋转机翼研究工作。

具有实用价值的直升飞机出现于20世纪30年代后期。苏联、美国和德国的资料都说是自己的国家最先制造出可实际飞行的直升机。苏联说是苏联中央流体动力学研究所制成的"3A—1型"，美国则说是美国联合飞机公司的总工程师西科尔斯基设计的"空中吊车"，而德国的材料说福克研制的直升飞机于1937年飞行成功，高度为8000英尺（约2.4千米），时速为76英里（约122千米），稳定性能良好。

直升飞机成批生产最早的国家是美国。从1946年开始，美国生产了一批使用活塞式发动机、木材和金属混合式旋翼的第一代直升飞机，时速为200千米，使用寿命为600小时。30年以后，直升飞机发展到第四代，旋翼采用新型复合材料，最大时速达到每小时350千米。从此，直升飞机在世界各地开始大量生产和应用。

喷气发动机

——飞行员的发明

从20世纪初莱特兄弟制造的飞机第一次试飞成功到20世纪40年代，飞机一直采用螺旋桨轴转动的推进方式，这使飞机飞行的速度和高度都受到限制。螺旋桨靠空气才能旋转，云层以上高空空气稀薄，螺旋桨不能正常旋转，飞机无法飞行。螺旋桨飞机只能在云层以下飞行，受到气流颠簸影响，加上发动机本身效能有限，时速一般不超过600千米。要提高飞行速度，必须采用螺旋桨发动机以外的推进方式。

经过长时间的研制，一种可以大大提高飞机速度的新型发动机——喷气发动机于1941年正式投入使用。在这项发明活动中，英国和德国的发明家都做出过贡献，但功劳最大的是英国的空军少尉试飞员怀特。因此，人们常把喷气发动机说成是飞行员的发明。

人类试图制造喷气发动机的想法由来已久。早在古代，希腊人就想出了制造喷气发动机的基本原理：把燃料通过机械方法喷进燃烧室，同时压入空气，让空气和燃料混合燃烧，产生的高温气体由燃烧室后尾部猛烈喷出，推动汽轮机旋转。但是，受到古代的科学技术条件限制，只能使喷气机的原理停留在纸上。

到了20世纪初，一些科学家也曾进行过多次试验，试图制造出高效率的燃气轮机来取代蒸汽机，但都未曾与实用的飞机发生过联系。

链接 Links

喷气发动机的工作原理

根据牛顿第三定律，作用在物体上的力都有大小相等方向相反的反作用力。喷气发动机在工作时，从前端吸入大量的空气，燃烧后高速喷出，在此过程中，发动机向气体施加力，使之向后加速，气体也给发动机一个反作用力，推动飞机前进。

世界上第一架喷气式飞机"He178"，由德国亨克尔公司制造，硬壳式铝机身，最高时速700千米。

　　1920年，英国法恩巴勒皇家航空公司的科学家格里菲思为了制造驱动螺旋桨的实用发动机——蒸汽轮机，开始设计高效空气压缩机，并于1929年研制成功高效率单级涡轮压缩机。这种压缩机的出现，朝着喷气发动机迈进了一大步。正当格里菲思有希望发明喷气发动机时，他被调到了不适合继续开展这一研制活动的南肯辛顿飞机研究所，因为那里缺少必要的设备，格里菲思只好中断实验工作。

　　法恩巴勒皇家航空公司的一位空军军官怀特，在发明喷气发动机方面迈出了坚实的步伐。怀特于1922年，作为试飞员加入了美国空军，他于航空士官学校毕业后，成为上尉飞行员。但是，他的兴趣却在科学研究方面。1928年，他发表了一篇论述未来的飞机设计的论文，受到了同行们的关注。第二年，他在威特林格中央航校继续研究飞机的推进方式。他在学习了飞行员教官课程以后，产生了把燃气轮机和喷气推进方式相结合的想法，并开始了研制工作。

　　20世纪30年代初期，英国空军发现怀特很有培养前途，就送他到剑桥大学接受机械工程方面的深造。这就坚定了怀特发明一种新的飞机推进机械的信心。他在评价旧式推进方式时说："往复式发动机已经山穷水尽。它有1000多个部件往复颠簸地工作，除非其结构更加复杂，否则是不能产生高效率的。"而对于研制中的发动机，他说："未来的发动机只有一个运动部件——一个旋转的涡轮机和压缩机，却能产生150万瓦的功率。"

　　当怀特全力投入实质性研制工作时，遇到了资金方面的困难。要使英国飞机制造部和制造公司资助一时收不到实效的研究工作是不可能的，怀特只好在朋友的帮助下，通过投资银行提供的少量资助，继续工作。这时，英国的汤姆逊公司接受了怀特的请求,同他签订了设计实用发动机的合同。政府当局也承认怀特拥有专利所有权,并准予他在动力喷气公司每周工作6小时。

1937年4月,怀特研制的喷气发动机进行了第一次试运转,成绩不理想,主要问题是控制和材料问题。深入研制需要更多的资金,他多方求援,并于1938年3月取得政府的一些财政援助。怀特在研究中发现涡轮叶片设计不合理,但一时找不到更合理的方案,于是就在材料上下功夫,并和研制成功镍铬合金的维克斯公司取得了联系。到1939年,怀特的喷气发动机虽然还没有投入使用,但在设计上无可置疑,怀特作为这种新型动力机械的发明人已被人承认,只不过是政府因一时见不到实效而取消了财政支持,使实验工作难以继续进行罢了。

1939年6月,英国政府的态度又发生了变化,科学研究所所长帕伊博士视察了喷气发动机的研制情况,并确认有发展前途。政府向动力喷气公司提供了资金保证,并指令格洛斯特飞机制造公司继续研究。1941年,在怀特逝世以后,喷气发动机驱动的格洛斯特战斗机进行了首次试飞。

就在英国的怀特全力进行喷气发动机研究的差不多同一时期,德国也有几家研究机构从事着同样性质的研究工作。

曾就读于名牌大学——哥丁堡大学航空动力系的奥汉,于1935年取得了离心式涡轮喷气发动机的专利,并由另一位科学家汉克尔继续完善了这一专利。容克飞机公司的瓦格纳和米勒两位科技人员于1936年共同制订了研究燃气轮机的计划,并立即开展研究工作。两年后,他们成功设计了涡轮喷气发动机。另一位德国科学家舒尔普也对喷气发动机的研制做出过贡献,他是德国航空部的专家。1936年,当他还是研究生时,就曾提出:喷气发动机是使飞机时速超过500千米的唯一动力装置。1938年他进入航空部以后曾对政府施加影响,使高级官员赞同并支持喷气发动机的研制工作。

在德国的研究人员中,奥汉是贡献最大的人物。1939年8月,德国的喷气式飞机进行了首次试飞,这比英国的试飞还要早两年。这架喷气式飞机所使用的喷气发动机是奥汉设计的,奥汉的喷气发动机和怀特的发动机在设计上大体相似。但他们彼此之间毫无了解,所以,也可以说,喷气发动机是英国的怀特和德国的奥汉两位发明家的共同发明。

奥汉的发明是被他的老师波尔教授介绍给亨克尔飞机制造公司的。当波尔向亨克尔说起他学生的这一发明时,尽管亨克尔公司毫无制造这种新型发动机的条件,而且公司的技术人员对这种新的动力装置持有怀疑态度，但亨克尔经理还是接受了制造发动机的合同。奥汉在助手的帮助下，于1936年制成了参观用的喷气发动机模型，给参观者留下了深刻印象。但在制造实物时，遇到了燃料、材料等方面的困难，技术人员只好去闯道道难关了。

链接 Links

航空发动机诞生100多年来，主要经历了两个阶段：

前**40**多年（1903—1945年），活塞式发动机的统治时期；

后**70**多年（1939年至今），喷气式发动机时代。

在亨克尔公司研制喷气发动机的同时，德国另一家实力雄厚的飞机制造公司——容克飞机公司也在从事这项研究。容克公司的技术专家瓦格纳确信，目前的驱动方式已无法提高飞机的速度，他说服公司的董事们批准开展喷气发动机研究。公司的技术人员在瓦格纳指导下开展了研究工作，他们参考了怀特和奥汉的离心式压缩机，设计成功了轴流压缩机的喷气发动机，并于1938年达到试转水平。

亨克尔和容克公司在彼此保守秘密的情况下从事喷气发动机的研制工作，两家公司为了取得德国航空部的支援，曾分别开展活动，但均遭到航空部拒绝。因为航空部的官员们认为，只有航空发动机公司承担这一任务，才能收到满意的效果。这一看法，对喷气发动机投入实用领域起了阻碍作用。

德国航空发动机公司对这一研制采取什么态度呢？航空部火箭研制负责人莫奇和研制喷气发动机的另一位专家舒尔普会面，说服他充当自己的助手开展这方面研究，于1939年设计成功轴流式涡轮喷气发动机。

德国实际应用喷气发动机驱动飞机是1944年以后的事情。亨克尔公司由于严重缺乏技术人员使实际生产陷入困境，巴伐利亚公司虽于1944年开始生产喷气发动机，但直到战后才安装到飞机上，容克飞机公司也是1944年才制出第一批喷气战斗机的。

到了20世纪50年代，涡轮式喷气发动机开始在西方国家和苏联得到广泛使用。它是借助于通过气流在机翼或翼型上边的运动而产生举力使飞机升空，通过喷射气体产生推力使飞机前进的动力装置。这种新型的飞机发动机使战斗机达到了2倍以上音速，而使大型客机时速超过1000千米。喷气式客机给在云层上飞行的洲际旅客带来了舒适和安全，并克服了螺旋桨飞机的严重障碍，使人类飞得更快更高了。

火 箭

——通向宇宙的"天梯"

　　茫茫宇宙，浩瀚无垠。自古以来，人们仰望太空，幻想到星际空间去遨游。可是飞往宇宙空间是一个十分艰巨而复杂的问题，千百年来，一直难以实现。经过成千上万科技工作者费尽心机的研究和百折不挠的实践，直到20世纪30年代人们才找到一种方法，就是利用火箭把载人卫星送入太空，这种方法在50年代得以实现。迄今为止，火箭和航天飞机仍然是人类通向宇宙的唯一"天梯"。

　　人类已经发明了种种可能离开地面的飞行设备，可能够脱离大气层直冲天外的却只有火箭。这是因为火箭的速度可以达到脱离地球引力的速度，它的发动机采取反作用助推方式，借以运动的物质存于自身之中，不必借助于空气媒介。

　　现代火箭虽然是20世纪的一项重大发明，但他却走过了漫长的历程。

　　在火箭发明之前，我国古代劳动人民就发明了最原始的"麻布包火箭"。即在铁制的箭头上绑上一个麻布包，内装易燃物，靠点燃后产生推力射向目标。直接靠火药推进的火箭，产生于1000多年前的我国宋代，是由一位名叫万户的木匠最先创制的。世界公认我国是最早使用火箭的国家。欧洲最早的火箭出现于1241年鞑靼人抵御波兰人的战役中。波兰的大炮专家西米罗维兹是最早出版论述火箭内容比较全面的图书的作者，这部著作于1650年问世。伟大的科学家牛顿，曾在他的著作中阐述了火箭的原理，使火箭在17—18世纪的欧洲得以发展。到19世纪初，英国人制造的火箭可重达10千克，射程为1800米。但是，这些火箭的使用范围还只限于地面或空中，没有超越大气层。

　　如果我们把能够飞离大气层的火箭称为现代火箭的话，现代火箭之父是俄国科学家齐奥尔科夫斯基。他在1903年发表了关于现代火箭的科学论文《利用喷气工具研究宇宙空间》，为宇航技术奠定了理论基础。他在论文中不仅给出了火箭推进的速度公式，并且第一次把火箭同航天联系起来。

　　这位火箭之父并没有进过学堂，因为幼年患猩红热使耳朵变聋，使他失去了学习的机会。毅力顽强的齐奥尔科夫斯基勤于自学，成为农村的小学教师。直到40岁，他才开始研究火箭和探讨宇宙航行，一生共发表了600多篇论文和科普文章，科学地论证了借助火箭实现宇宙飞行的可能性。由于受当时各种条件的限制，齐奥尔科夫斯基的研究工作并没有付诸实践。

第一个把火箭发射上天的功臣是美国物理学家戈达德博士。

1926年3月16日，美国马萨诸塞州奥本地方老伍德农场的田野上覆盖着一层薄雪，一座巨大的金属架立在这里。这就是物理学家哈钦斯·戈达德博士和他的助手们支起的火箭发射台。发射台上的火箭足有3米高，它既无遮盖，也无罩子，发动机和喷嘴不是装在后面，而是装在前面。火箭底部有一对小油箱，一个装有汽油，另一个装有液氧。下午2时半，戈达德发出点火信号，他的一位助手亨利·萨克斯用一根2米长顶端装有喷灯的

链接 Links

中国古代火箭的早期应用

中国古代火箭早期主要应用于娱乐和军事两个方面。

10世纪时，中国人发明了最原始的火箭，即将火药包绑在箭杆上，用弓或弹射器射出，是军队中的特别武器。

12世纪时，南宋都城临安已有"地老鼠"、"流星"之类的焰火，来为节庆活动助兴，这是早期火箭的另一大用途。

12世纪中叶，南宋在采石之战中以"霹雳炮"大胜金兵，这种武器就是改良后的火箭。

13世纪上半叶，火箭技术大量应用于军事，并出现了以火箭原理制造的各种新式武器。

棍子点燃了火箭点火器，立即奔向用钢板隔成的隐蔽处。90秒钟后，火箭带着熊熊火焰升空了。这枚火箭飞行了2秒半钟，升空10多米，飞行距离近60米，这就是人类第一次发射火箭成功。

当描写地球与火星战争的小说《宇宙战争》于1898年出版时，戈达德只是一名16岁的学生。他身体瘦弱，患肺结核，在床上度过了许多时日，有一次竟卧病两年之久。他利用病休期间学习数学和做科学试验，发明了压制领带的小机械装置。《宇宙战争》的出版，引起他许多幻想。1899年10月的一天，当他爬到房后一颗果树上剪枯枝时，仰望宁静的天空和金色的田野，突然想到："要能制造出可以登上火星的装置该有多好啊！"从那时起，他一直梦想着制造可以摆脱地球引力的飞行器，到火星去看看和地球人交战的火星人是什么模样。

1904年，戈达德考入伍斯特工学院物理系。他才思敏捷，成绩优秀，富于想象。在学习笔记中，他曾谈到可以用一束瞬息加速的带电粒子作为飞行器的动力，并探索了利用阳光作为能源的可能性。1907年，莱特兄弟首次驾驶飞机飞行不到4年，戈达德就曾写信给《科学的美国人》，建议用陀螺仪稳定飞行。

火箭是一种快速远距离运送工具，它可以把人造卫星、载人飞船等送上太空。

1909年，他提出了使用氢和液态氧作为火箭液体燃料的设想。

1911年，戈达德完成了博士论文的写作。第二年，他担任了普林斯顿大学的研究员。1913年，经过潜心钻研，他发明了一种往火箭燃烧室装填火药的装置。1914年7月，他获得了一项体现多级火箭构想的设计专利。这其中应用了冶金学、热力学、空气动力学、机械工程、结构学、水力学等各种学科的最新知识，可见戈达德学识之渊博。由于受到资金、材料等各方面的限制，他的设计没有成为现实。

无论是资金短缺，还是病魔缠身，都没有动摇戈达德研究火箭的信念。1920年7月至1923年3月，戈达德接受海军机械局每月100美元经费作为研究经费，从事火箭研究工作和试验工作。

1925年12月的一次试验中，一种轻型火箭发动机从支架上升起达24秒，把绳索绑得紧紧的，为火箭升空试验提供必要的条件，促成了1926年3月火箭发射的成功。

就在戈达德博士潜心研究火箭的前后，欧美大陆的其他发明家也纷纷投入火箭研究之中。罗马尼亚的奥伯尔思就是其中的先驱者之一。他在学生时代，在毫不了解齐奥尔科夫斯基和戈达德有关火箭著作内容的情况下，出版了《飞向宇宙空间的火箭》一书。书中不仅有详尽的理论计算，而且有设计说明。他的著作虽然没有引起科学家们的足够重视，却受到火箭业余爱好者的欢迎。移民德国并加入德籍的奥伯尔思的研究成果，使许多热心于火箭实验的德国青年大受鼓舞。1927年，奥伯尔思主持成立了德国空间旅行协会，其中一些成员成为后来的火箭专家。

1938年，奥伯尔思被聘到维也纳和德累斯顿等地研究火箭。但当时受到德军控制研究所并不向这位罗马尼亚出生的专家提供必要的条件。当他了解到这一点并提出返回罗马尼亚时，遭到拒绝，致使他的研究工作并没有取得多少实质性进展。

20世纪30年代以前，德国的火箭研究工作主要由空间旅行协会的成员承担。其中的活跃分子有里德尔、布劳恩等人，他们在设备有限、资金缺乏的情况下潜心研究，经过五六年的努力，终于利用反作用器把火箭发射到约800米高的空中。20世纪30年代以后，德国的潘纳明德研究所成为火箭研究的主力。这个研究所拥有里德尔、布劳恩等专家，雇员人数达到12万人，得到许多大学和科研机构的支持。他们集中研究带有制导装置的A-1型火箭（也称A-1型导弹）。经过多次失败以后，改进了设计，终于于1934年取得重大突破，A-2型导弹发射成功。

A-2型的成功使研究人员大受鼓舞，他们并不满足已取得的成果，开始研究大型火箭、改进制导和设法回收。为了使导弹飞行更稳定，他们在A-3型导弹上装上方向舵，但一开始因方向舵太小，作用不大。后经好多次改进，在螺旋仪公司的协助下，制成了制导性能良好的A-5型。并在导弹上安装了降落伞，发射出去后可以回收。

制导装置的研制成功，使大型火箭的研究取得了突破。1942年10月，大型火箭V-2型发射成功，时速超过3000英里（约4828千米），高度60英里（约96.6千米），飞行距离120英里（约193千米）。德国于1945年3月，把这种火箭投入战场，并于前一年把V-1型无人驾驶飞机投入战场。

先进武器并没有挽救德国失败的命运。德国投降以后，苏联和美国利用最先搞到手的火箭专家和技术资料发展各自的中、远程弹道导弹。1957年8月，苏联抢先发射洲际导弹；美国不甘落后，于3个月以后也发射成功。高速运载火箭的速度超过了每秒7.9千米，第一颗人造地球卫星发射成功，人类开始进入航天时代，火箭则是人类通向宇宙的"天梯"。目前，我国研制的火箭已把众多的各种卫星送入太空，加入了具有最先进水平的航天俱乐部。

链接 **Links**

在战争中，火箭作为一种军事力量占有重要地位

早在第二次世界大战爆发以前，德国就投入了大量精力进行一系列尖端武器的科研工作，于1942年首次试验成功的V2火箭就是其中一项重要成果。V2火箭由沃纳·冯·布劳恩领导的研发小组研发，使用酒精和液态氧作为推进剂。在1944—1945年，超过3000枚V2火箭被发射到不列颠、荷兰、比利时和卢森堡。下图为1945年德国库克斯港的"逆火行动"中一枚发射架上的V2火箭。

气垫船

——水陆两用的高速船舶

交通工具对于人类的生产和生活都是必不可少的。在20世纪60年代之前,人类使用的交通工具可分为陆地交通工具、空中交通工具和水中交通工具三种类别。能不能发明一种既能在陆地运行也能在水中航行的交通工具呢?气垫船的发明,使人类有了一种可以在水上、陆地乃至冰上运行的高速运输工具。

1968年夏季的一天,加莱海峡两岸英、法两国渡海港口挤满了人,人们正在观看一种新型船舶——气垫船第一次渡海航行。从此,大型气垫船作为一种现代化的航行工具开始在英法之间的海面上航行。它的速度可达到每小时近百千米。

18世纪以来,有人曾提出过用空气做气垫悬浮车体制造车辆的设想,由于各方面条件所限,没有实现。制造气垫船的想法也源于此时,但真正制成具有实际应用价值的气垫船却是20世纪50年代的事。现在,气垫船已有三种基本形式:一种是水陆两用船,利用鼓风机从船底向下喷射空气,通过安装在船体周围的柔软橡胶围裙充气使船体悬浮;第二种是海上专用船,通过船体两侧即首尾部的橡胶围裙使船体悬浮于气垫之上;第三种是冲翼式,它通过船的运动本身产生气垫,使船体悬浮。目前气垫船作为现代化的高速运输工具,已在许多国家被采用,它的发明也经历了较长的过程。

早在80多年前,美国发明家沃纳就开始研制侧壁气垫船,制成以后,立即下水,但在波涛汹涌的海洋中航行时,由于受风浪影响而无法持续发挥气垫的功能。于是,沃纳改变研究方向,试验冲翼式气垫船,获得了初步成功。与此同时,芬兰发明家卡利奥也对气垫船进行了实验,在1935年至1936年间,卡利奥的气垫船在雪地上进行了几次试运行,实验一直进行到20世纪50年代。由于技术难关没有解决,没有进入实用阶段。

最早设计出实用气垫船的是一位英国电子技术人员科克雷尔。他在剑桥大学毕业以后,放弃了自己攻读的电子专业,而改为潜心研究船舶制造。1953年,他在一篇研究报告中得出一个重要结论:要想提高船舶航行速度,必须减小船体和水面之间

行驶在水中的气垫船　　　　　　　　　　　行驶在陆地上的气垫船

的摩擦阻力。

怎样减小这种阻力呢？当物体在滑行时，可以通过润滑方法减小阻力。能不能在船体和水之间也进行润滑呢？于是科克雷尔开始试验能在船体和水之间形成空气薄膜的空气润滑方法。

初步的实验并没有收到预期的结果。但是实验表明：要实现空气润滑，必须使空气具有一定的厚度。在这以后，科克雷尔着手设计气垫船。这种船具有优厚的侧壁和用铰链安装在船首和船尾的门，船内设有一个中心燃烧室，可以向侧壁喷射空气。1954年，他又提出一个新的设想，用水帘方式取代门。由于这种方式在动力方面存在困难，他又改用气帘代替水帘。这些设计是否可行，还有待于进行实验。

进行气垫船的实验需要物质条件和大量资金，在没有企业资助的情况下，难以用实物进行试验，受到发明欲望驱使的科克雷尔只好利用自己家中现有条件进行模拟实验。他用家中的吹风机通过一根管子从两个咖啡罐喷射出环状气流，可以形成气垫并保持气垫。这次试验的成功为研制实用气垫船奠定了基础。1955年，科克雷尔在一位汽艇制造师的帮助下制成了一个气垫船模型。同年12月，获得了设计气垫船的专利。

从获得专利到制成实物还需要走相当长的路程。由于科克雷尔的发明难以获得支持，进展速度缓慢，但发明家并没有灰心。1955年秋天，他研制成功能使空气反复循环使用的封闭式旋流系统，并在英国专利局和美国海军部进行了模型实验，海军部认为气垫船的研制具有军事价值，当时参观了模型表演的军需部副大臣肖尔赞扬了这一新的有价值的发明。他很快与桑德斯罗飞机制造公司签订合同，委托他们进行实验。

到了1958年，桑德斯罗公司的研究已接近完成。就在这关键时刻，肖尔的态度发生了变化，他认为这种气垫船不具备明显的军事优势，于是军需部拒绝增加研究

链接 **Links**

气垫船的工作原理（如图）

①螺旋桨　②气流　③鼓风机　④软性围裙

气垫船是利用高压空气在船底和水面（或地面）间形成气垫，将船体垫起离开水面（或地面），而实现高速航行的船。气垫是用大功率鼓风机将气压入船底下而形成的，船底周围有柔性的围裙或刚性的侧壁，利用它们把气体围住，限制在船底，防止逸出。

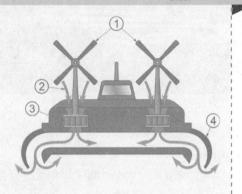

经费。这时发明家科克雷尔决定和军事机构脱钩，便走访了专门向发明家提供财政支援的美国国家研究发展署，这个署的官员愿意赞助这一发明。1958年秋，国家研究发展署与桑德斯罗公司签订合同，按合同规定建造了一艘气垫船的样船，命名为"SRN-1号"。

在国家研究发展署的资助下，桑德斯罗公司建造的气垫船于1959年5月建成。这艘气垫船构造比较简单，它的设计方案基本上采用了科克雷尔的设计，利用飞机喷气发动机作为悬浮推进的动力。为了保持船体平衡，用了两台喷气发动机为气垫充气，这便是世界上的第一艘气垫船。

气垫船的样船要实际应用，特别是在海上航行，还需要解决一些技术问题，主要是气垫围裙的柔韧性问题。1959年夏天，英国研制气垫船的研究人员曾探讨过利用柔性材料填充气垫船船体与水面之间的空隙，但对实现的可能性持怀疑态度，没有进行实验，也就无从谈到成功了。

发明家科克雷尔于1957年开始考虑围裙的柔性结构，并于1958年9月提出了柔性围裙的专利，但没有得到批准。当时的技术人员集中研究桑德斯罗公司的样船，为了改进它的性能，增强抗浪性，他们探讨了增加气垫船升举高度的方法。当时担任桑德斯罗公司总设计师的约翰斯参考了当时赖特公司的气垫车，对柔性结构进行了实验。1959年底，样船使用了柔性围裙，吃水深度达到15厘米，但只能使用10分钟。后经不断改进，使用时间不断增加，气垫围裙效率大为提高。到1963年，气垫船的围裙吃水达到1米以上。

1959年7月，桑德斯罗公司合并于专门制造直升飞机的西方兰德公司。这家公司开始着手建造大型气垫船，于1968年1月建成了重达1.65吨的SRN-4型气垫船，1968年夏季开始在英法之间的海面上航行。

气垫船的航行速度很快，是一般船速的2.5倍，目前世界上速度最快的气垫船是美国的侧壁式气垫船，时速可达167千米。

除了英国之外，美国和欧洲其他国家也差不多和英国同时研制气垫船，实用价值虽不能与英国发明家科克雷尔的发明相比，但在气垫船发明的过程中，他们也都是有所贡献的。美国的伯特尔森医生以小型气垫车作为研究对象，并取得了显著成果。国家研究协会为实现他的设想，曾要求获得政府和产业界支持，但未取得资助。1957年，伯特尔森找到了军需部坦克和汽车局，成功争取到了政府援助。

1957年，美国海军也制订了气垫船的研究计划，海军陆战队发现一位瑞士技术人员韦尔兰德在气垫船方面很有研究，就对他的研究提供了财政支援。他发明的海上气垫船采用"迷宫式密封"气垫，取得了良好的效果。

由于气垫船可在水中、陆地两栖使用，所以研究气垫车对促进气垫船的成功也有重大作用。1959年夏天，一种简易气垫车在美国一家航空发动机厂试制成功，车体周围安装的是柔性橡胶围裙。这种橡胶围裙用于气垫船，会大大提高气垫船的效率和抗浪性。

在欧洲大陆，除英国以外法国也有人在研究气垫船和气垫汽车。

有轨气垫车的设想在法国有着悠久的历史。贝尔坦公司曾制造出能在二截面混凝土轨道上运行的气垫车。法国政府也曾批准在巴黎至奥尔良之间兴建第一条有轨气垫车线路供旅客使用。后来成立了气垫船研制公司，并取得了英国发明家科克雷尔的指导。

气垫船的发明，为人类提供了一种水陆两用高速现代化船舶。它的发明关键是英国电子专家科克雷尔把他的精力转到船舶制造方面，并做出不懈的努力。政府的资助在初期起过作用，而具有长期目光的企业家支持这一科学发明，才使这一全新的交通工具得以问世。

自动变速液压转向装置

——现代汽车的新技术

汽车目前已经成为世界各国重要的交通运输工具。在瓦特于1782年发明蒸汽机以后的第4年，即1786年，世界上诞生了第一台完全依靠自身动力驱动的蒸汽机汽车，它的发明人是法国的一位工程师尼古拉斯·古诺。这辆汽车的车身是木制的，前面有一个轮子，后面有两个轮子。发动机有两个汽缸，每15分钟加一次水，烧沸后靠蒸汽推动，这也是把这种新出现的交通工具称为"汽车"的理由。古诺汽车时走时停，最高时数只能达到9千米。

到了19世纪初，英国工程师特雷威蒂克沿着古诺的道路前进了一大步，他改进了设计，制造出可以连续行驶、时速达10千米的实用汽车。1805年，英国的嘉内公爵改进了汽车速度，比原来提高了一倍，载客18人。到了19世纪中叶，蒸汽机汽车的时度达到50千米。

蒸汽机汽车的换代产品——内燃机汽车诞生于1862年，研制者是法国的利诺瓦赫。最早生产并出售内燃机汽车的却是德国的本茨。

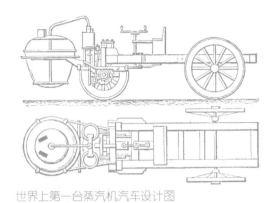

世界上第一台蒸汽机汽车设计图

从19世纪80年代开始，本茨经营的小型工厂便生产两冲程的内燃机汽车，从此，汽车工业在欧美大陆开始迅速发展起来，不仅外形不断改进，而且速度不断提高、性能逐渐完善。20世纪初，自动变速和液压转向装置的发明在汽车上应用，使汽车技术开始进入一个崭新的时代。

用能量损失小、运转灵活的自动变速器取代齿轮箱和离合器的汽车手动变速器，经历了复杂和漫长的过程。

1904年，德国发明家费廷格发明了液压变速器和液压联轴节。他大学毕业后在汉堡伏尔肯造船厂担任主任工程师，为了改进船舶行驶过程中速度变化的灵活性，他考虑用液压变速器代替电动变速器，并设计了几种液压变速器，连同液压联轴节在船舶上应用。

最早在车辆上使用液压联轴节的是美国工程师辛克莱尔。他认为液压联轴节和自控行星齿轮箱组合而成的自动变速器，可使汽车灵活变速。他的设想引起了伦敦通用公共汽车公司的兴趣，1926年，该公司首先在大客车上采用液压联轴节，由于变速灵活，这种装置被称为"液压飞轮"。

20世纪30年代初期，卡迪拉克公司的技术顾问汤姆森领导一个顾问小组成功研制双级自控行星齿轮箱，并为莫比尔牌汽车研制装配了半自动变速器，1937年实现了批量生产。汤姆森1939年在通用汽车公司研制成功并生产出了可以出售的液压传动系统，使这一系统逐

渐得到普及。

由于最早出现的费廷格式液压变速器只在有一定速度比的条件下才有良好的变速效果，所以，当时研究的目标是扩大速度比的有效范围。在20世纪20年代，费廷格本人为比利时和德国的几家公司研究了在汽车上使用液压变速器的可能性，德国的个人发明家里赛柱、瑞典工程师莱肖姆在研究和把液压变速器应用于汽车和电力铁路列车方面都做出过自己的贡献。

20世纪30年代，意大利发明家萨勒尼全力研究在车辆上使用液压变换器。1937年，他对涡轮变速器进行实验，并于1941年首先应用在牵引飞机的专用汽车上。在德国，由诸多教授组成的特里洛科研究协会，由于官方的赞助，在研究液压变换器方面进展迅速，他们的研究成果主要是应用在军用载重车辆上。这一成果使军用车辆更加机动灵活。

与欧洲大陆的发明遥相呼应，美国对车辆液压变速器和液压变换器的研究也在兴起，发明家施奈德和斯潘哈克对此做出过重要贡献。他们的研究工作始于1935年。他们分别在美国机车公司、通用机械公司的技术和财力支持下，各自独立研制液压变速器。他们的主要贡献是提高了液压变速器和变换器的工作效率，减少了功率消耗。

1946年，施奈德改进的液压变换器开始在"怀特"牌汽车上使用，其他汽车制造厂也成功地把液压变换器当成自动变换器加以使用，并一直延续至今。这种变换器利用密封的液压系统完成自动转矩变换，具有老式汽车离合器和齿轮箱的全部功能。自动变速器的使用是汽车技术的一大改革。

现代汽车的另一项新技术是液压转向装置的发明和应用。早在18世纪初，就出现了内轮和外轮转向半径不一致的差动齿轮箱装置，这是应用在汽车上最早的机械转向装置。

链接 Links

我国的第一辆汽车是*1956*年7月生产的一辆载重量为4吨、最高时速为60千米的货车，它有一个响亮的名字——"解放"。

装配了"行星"齿轮变速器的福特牌"T"型车于1908年10月1日推出，推出第一年即以10660辆的高产量创下汽车行业的纪录。

汽车的发明拉近了世界的距离，加速了生产社会化和量化的发展，自动变速液压转向装置的发明及在轿车上的应用是汽车技术发展的一大变革和重要助力。

19世纪和20世纪初，人们为了使车辆驾驶更加灵活机动，研制出各种动力转向装置。到了20世纪20年代和30年代初，对机械式、真空式、空压式和液压式各种转向装置进行的大量试验表明，其中最为方便使用的是液压转向装置。

液压转向装置的发明应归功于美国发明家维克斯和个人研究者戴维斯。1925年，创建维克斯公司的工程技术人员维克斯本人成功设计出在汽车上使用的液压转向装置的图纸和高压叶片泵。第二年，戴维斯制成液压转向装置的实物，他们二人共同申请了专利权。以后，他们不断改进设计，造出一些实验装置，1930年以后逐步投入实际应用。

戴维斯是一位善于钻研的发明者。20世纪20年代初，戴维斯是皮阿斯·埃洛汽车公司卡车部的主任工程师。他十分体察司机辛苦，当他发现大型卡车方向盘操作很不灵活时，就决心对现有的转向装置加以改进。经过查阅文献资料，他认为问题在于现有的推力装置不适宜。为了深入研究这一问题，并在实践中比较各种装置的优劣，他辞去了在埃洛汽车公司的职务，租借了一家小型机械厂，并雇佣了一名能熟练地制造工具的工程师杰索普当助手。在设备比较简陋的条件下，他们日夜地钻研，终于成功研制液压转向装置。但刚制出的装置有两个明显的缺点：噪声大、成本高。后来在麻省理工学院一位教授的帮助下解决了这两个问题，并于1933年获得专利。

美国通用汽车公司在观看了液压转向装置的实物以后，与戴维斯签订了合同，首先取得了这种装置的制造权，在卡车上开始安装这种先进的转向装置。在轿车上采用这种装置是20世纪40年代以后的事情，因为第二次世界大战后通用汽车公司在轿车上安装这种装置受到物力、财力的限制。1951年，克莱斯勒公司采用了根默设计公司的方案，在轿车上最先使用液压转向装置，这一方案的基本思想仍然是戴维斯发明的中立开口阀和液压反作用力原理。到1954年，带有液压转向装置的轿车产量达到200万台。现在这种转向装置已安装到绝大部分汽车上，使汽车这一最广泛使用的现代化交通工具转向灵活自如，使用方便。发明家戴维斯及其成果将永远被人们怀念。

人造卫星
——运行在太空的人类智慧之星

在浩瀚无垠的宇宙空间，运行着数不清的恒星、行星和卫星。在卫星当中，有数千颗人造卫星在地球轨道上运转，他们是运行在太空的人类智慧之星，是人类智慧和科学技术高度发展的结晶。

第一颗人造卫星是苏联于1957年10月4日发射成功的"斯普特尼克1号"，它标志着人类开始进入空间时代。在20世纪人类重大发明中，人造卫星有它独特的意义。

"斯普特尼克1号"呈球形，直径58厘米，重83.6千克，铝合金的球形外壳上附有4根弹簧鞭状天线，一对长240厘米，另一对长290厘米，卫星内部有两部无线电发射机，采用化学电池作为电源。它沿着椭圆形地球轨道飞行，绕地球运行一周需要96分钟，并不间断地向地球发回"滴、滴、滴"的信号。

1958年1月31日，美国第一颗人造卫星发射成功。

第一颗人造卫星一共运行了93个昼夜，共绕地球飞行了1400圈。这颗卫星不仅把关于气象、宇宙线及陨石尘的资料送回地球，更重要的是开创了人类航天的历史。4年以后，宇航员加加林于1961年4月21日驾驶宇宙飞船进入了太空。随后美国开始了载人空间飞行，并于1969年7月20日把人类首次送上月球并连续发射了各种航天器，人类进入了航天时代。

第一颗人造地球卫星的主要设计者是苏联发明家米·吉洪拉沃夫。

1900年，吉洪拉沃夫出生于俄国弗拉基米尔的一个律师家庭。当吉洪拉沃夫9岁时，全家迁到彼得堡居住，当时不仅美国莱特兄弟发明飞机的消息传到了俄国，而且俄国也出现了最原始的飞机。1910年，彼得堡举行了一次航空周展览。这引起了小吉洪拉沃夫的极大兴趣，自从他第一次见到飞机，就着了迷，开始阅读关于航空方面的图书。以后，他大量阅读和钻研了俄罗斯航空先导——齐奥尔科夫斯基的著作，并立志从事航空事业。

苏联国内战争爆发后，吉洪拉沃夫参加了保卫革命政权的战争。战后，被送到茹科夫斯基航空工程学院学习。和战前一样，他十分着迷于滑翔机的设计研究工作，由他设计制造出的滑翔机不仅受到驾驶员们的喜爱，也受到航空专家们的一致好评。他从航空学院毕业后，在国防科学技术研究所从事研究工作，志趣从滑翔机逐渐转移到火箭研究方面。

1927年，吉洪拉沃夫在克里米亚认识了后来成为人造卫星总设计师的谢·科罗廖夫。科罗廖夫是航空界的权威人物之一，他一开始也是从事飞机研究的，后来改为研究火箭。由于志趣相投、事业一致，他们很快就成为好朋友，为共同的事业携起手来。不久，他们一起来到莫斯科，参加了以灿德尔为首的火箭研究小组，并很快成为小组的骨干。1932年8月17日，由小组研制的"09火箭"发射成功，这对推动他们的继续研究起到了鼓舞作用。

1933年10月，苏联元帅图哈切夫斯基倡导成立火箭技术研究所，并集中了全苏最优秀的火箭专家从事这一工作。这使苏联在20世纪30年代初期在火箭研究领域居于世界领先地位。但是好景不长，由于图哈切夫斯基遭到迫害，火箭技术研究所被迫改组，科罗廖夫领导的带翼导弹研究室被撤销，火箭研究工作处于停滞状态。

第二次世界大战以后，吉洪拉沃夫重操旧业，进入了苏联国防研究所，继续研究火箭的同时，开始对人造卫星的研究发生兴趣。

吉洪拉沃夫认真研究了奇奥尔科夫斯基的有关著述，对其中提到的连接多级火箭的各种方案进行比较，从重力角度对每个方案进行了考查。当时，科学界已经认识到，要使物体克服地球引力绕地球运动，必须具备第一宇宙速度（7.9千米/秒），要发射卫星，必须使火箭达到第一宇宙速度，怎样才能使运载卫星的火箭达到这一速度呢？这成了研究人员的中心课题。

在1947年到1948年间，吉洪拉沃夫和他的科研小组完成了繁杂的计算工作，证实了采用多级火箭可以达到第一宇宙速度。这是一项了不起的重大成果。

1948年6月，正在筹备召开科学大会的苏联炮兵科学院向国防研究所发出函件，征集学术报告论文。吉洪拉沃夫得到消息后，立即找到炮兵科学院院长布拉贡拉沃夫，要求在大会上宣讲关于人类地球卫星的科研报告。开始，院长担心别人会指责这样的报告离现实太遥远，但对吉洪拉沃夫事业充分理解后，最终同意了他的要求。

吉洪拉沃夫的报告果然遭到了非议，有人说他在"幻想"，有人说他在"浪费时间"。而参加大会并听取了吉洪拉沃夫报告的科罗廖夫却坚定地支持吉洪拉沃夫，建议把吉洪拉沃夫及其科研小组的工作列入国防科学研究所的正式工作计划。

1948年末，在军事弹道科学院的年会上，吉洪拉沃夫做了长篇报告，详细论述了在现代科学技术条件下，借助多级火箭达到第一宇宙速度，把人造地球卫星送上太空的可能性。年会召开后不久，他完成了二级火箭的分析，认为可以把一定重量的卫星送上地球轨道。这时，科罗廖夫的研究工作也取得了进展，证实了火箭速度可以达到3千米/秒以上。

1953年，吉洪拉沃夫的研究小组划归空间实验设计局，科罗廖夫主持这个局的工作，这就加强了火箭和卫星的研究工作。这一年，苏联在研制洲际弹道导弹方面取得了较大进展。他们研制的弹道导弹可以打到地球上任何一个角落。如果能用这种导弹把卫星送上宇宙太空，那导弹的研制意义就远远超出了军事的范畴。

科罗廖夫和吉洪拉沃夫已经掌握了洲际导弹的具体参数，他们设想，把导弹的弹

药卸下，装上燃料和卫星，是可以把卫星送入轨道的。

1954年5月，科罗廖夫给苏联部长会议写了一封信，他提到："目前正在研制飞行速度每秒7千米的新产品，并取得了较大进展。这表明，在最近几年研制出人造地球卫星是可能的，只要适当减轻飞行物的重量即可。"

两个月以后，吉洪拉沃夫把他和另一位科研人员共同研究的成果报告交给科罗廖夫。报告中指出，人造地球卫星的重量可以在1000~1200千克。科罗廖夫十分重视吉洪拉沃夫的成果，这两位在研制人造卫星方面功勋显赫的科学家，经过艰辛的努力，使苏联在发射人造卫星方面走在了世界的前列。

在美国，研制人造卫星的工作也在紧张地进行中。1955年7月29日，美国总统艾森豪威尔在白宫发表了一项特别公告，宣称美国正式进行发射人

人造卫星的分类（依用途划分）

科学卫星：送入太空轨道，进行大气物理、天文物理、地球物理等实验或测试的卫星，如中华卫星一号、哈伯等。

通信卫星：作为电讯中继站的卫星，如亚卫一号。

军事卫星：作为军事照相、侦察之用的卫星。

气象卫星：摄取云层图和有关气象资料的卫星。

资源卫星：摄取地表或深层组成之图像，作为地球资源探勘之用的卫星。

星际卫星：可航行至其他行星进行探测照相之卫星，一般称之为行星探测器，如先锋号、火星号、探路者号等。

造地球卫星的工作。事隔不久，苏联科学院院士列·谢多夫在国际天体航空联盟第六次大会上宣布：苏联计划在国际地球物理年开始的1957年7月发射地球卫星。这意味着苏联将先于美国研制出人造地球卫星。苏联科学院院长涅斯梅亚诺夫确认：苏联已经解决了人造卫星的理论问题，发射卫星只是一个时间问题。

1956年1月，苏联政府作出研制地球卫星的决定，并且确定发射日期为1957年夏天。由科罗廖夫建议成立的卫星计划研究委员会，在克尔德施的领导下开始了全面的研制工作，主要任务是仪器系统、温度调节系统、无线电遥控系统和运载火箭的研制工作。

在不产生歧义的情况下，人造卫星亦称"卫星"，是人类建造的航天器的一种，也是数量最多的一种。它以载具发射到太空中，像天然卫星一样环绕地球或其他行星运行。

在人类历史上，还是第一次开展这样艰巨而复杂的工作。由于缺乏经验，实验工作进展得比较缓慢。特别是运载火箭的研制和试验更是困难重重。预定的发射日期为1957年3月，由于没有研制成功，只好改在4月。直到4月10日，总设计师科罗廖夫在同仪器控制设计师皮刘金一前往火箭发射场的途中还在担心能否发射，并表示在火箭发射成功之前，他不离开试验基地。

推迟到4月份的发射试验也没能如期实现，只好再次推迟到5月15日。5月15日进行了火箭7号的升空试验，但试验遭遇了失败，没有升空。科学家们都感到了任务的艰巨和责任的重大。科罗廖夫在写给妻子的信中承认自己心情沉重、不安和担心，但并没有失去最后胜利的信心。他们把最后一次试验的任务定在8月份。

苦尽甜来。1957年8月21日，准备用来运载卫星的火箭7号发射成功了，科学家、发明家们欢欣鼓舞。科罗廖夫确信，火箭7号是可以把卫星送入地球轨道的。

在研制和试验运载工具的同时，卫星本身的研制工作在同步进行。设计师

链接 Links

各国首颗人造卫星

苏联在1957年10月4号发射人类首颗人造地球卫星"斯普特尼克1号"，揭开了人类向太空进军的序幕，大大激发了世界各国研制和发射卫星的热情。

美国于1958年1月31日成功地发射了第一颗人造卫星"探险者1号"。

法国于1965年11月26日成功地发射了第一颗人造卫星"试验卫星1号"。

日本于1970年2月11日成功地发射了第一颗人造卫星"大隅号"。

英国于1971年10月28日成功地发射了第一颗人造卫星"普罗斯帕罗号"，发射地点位于澳大利亚的武默拉(Woomera)火箭发射场，运载火箭为英国的黑箭运载火箭。

吉洪拉沃夫根据自己的研究成果，建议把卫星造得小一些，他认为30千克重比较合适。1957年初，科罗廖夫综合各方面情况，正式向政府提出报告，建议制造两颗卫星，一颗重30~50千克，另一颗重1200千克，并提出了种种依据。

1957年6月24日，正在火箭发射场的科罗廖夫接到来自莫斯科的长途电话，告诉他总指挥部已经确定第一颗人造卫星的重量为83千克。

在火箭升空试验成功后的第10天，科罗廖夫返回莫斯科和吉洪拉沃夫共同进行了卫星与火箭联合的实验，并获得了圆满成功。第一颗卫星的制造工作迅速进行。

1957年9月，制造出来的卫星被送到发射基地，10月2日，进行人造地球卫星发射实验的命令正式下达。3日，运载火箭被安装在发射架上。

10月4日夜晚，一个历史性的时刻到来了，随着倒数计时器的最后一个数字的显示，总指挥按动了电钮，一道白光闪过，排泄阀门关上，油箱开始增压。突然，一声巨响，大地震颤了，火箭尾部喷出一团火焰，火光从混凝土发射通道闪出，火箭立即冲出烟尘，带着浓厚尾光向空中冲去。发射成功了！人们欣喜若狂，欢腾跳跃。

过了一会儿，人们得到来自太空的讯号，这是划时代的讯号。

1957年10月4日莫斯科时间22时28分，人类历史上第一颗人造卫星，加入了太空星辰的行列。从此，各种用途的人造卫星纷纷发射上天，其中有科学试验卫星、地球资料卫星、侦察卫星、气象卫星和通信卫星。接着，各种航天飞机和宇宙飞船的发射成功，使人类进入了航天时代。

我国的第一颗人造卫星也于1970年4月24日发射升空。

核反应堆
——利用原子能的奇迹

人类第一座核反应堆的设计者——费米

从20世纪初开始，科学家们就认识到原子核内部蕴藏着巨大的能量，并试图控制和利用这些能量。

早在1903年，物理学家卢瑟福在写给丹皮尔爵士的一封信中就曾开玩笑地写道："如果能找到一个适当的引爆物，完全可以想象，它能触发物质内部的原子衰变，释放出巨大力量，足以使这个古老的世界化为灰烬。"奥地利物理学家瑟林于1921年写道："如果把潜藏在一块砖里的核能释放出来，足以把一座百万人口的城市夷为平地。

怎样取得并控制这巨大的能量呢？1942年人类发明了核反应堆，有史以来第一次实现了自持链式核反应，从而开始了可控核能释放。领导和主持人类第一座核反应堆的是著名物理学家恩里科·费米。

费米，1901年9月生于意大利的罗马城，1922年毕业于比萨大学。这年冬天，他回到罗马，在一位著名物理学家门下钻研物理中关于分子、原子、电子的理论，发表了30多篇颇有见地的论文。由于他才华出众，治学严谨，犹如一颗物理学界升起的新星，很快被权威物理学家柯比诺发现，被邀请到罗马大学担任了物理讲座的首席主持。

在这期间，物理学家桓赛蒂和费米中学时期的好友佩尔西科也经常和费

利用核裂变反应进行高效发电的核电站

米一起探讨物理问题，形成了一个以费米为首的新学派——罗马学派。他们是一个有钻研精神、充满活力、亲密无间的研究科学问题的集体。

1934年夏天，法国物理学家居里夫妇经过严格的科学实验，宣布了一项重大发现：一些轻元素稳定的原子核在X粒子轰击下，变成了放射性核。比如金属铅变成了硅30。可是，对于重元素，X粒子轰击就不起作用了。

怎样才能使重元素也具有放射性呢？

各国物理学家都在思考这一问题。几乎所有物理学家都想到用更强的α粒子流来轰击原子核，试验结果无一成功。只有费米另辟蹊径，想到了用中子作为轰击原子核的炮弹，并在罗马学派中开始进行实验。

费米是一位办事严谨、讲究方法的科学家。他不想因为侥幸而获得成功，所以实验一开始并不马上去轰击重元素，而是按着

核能源的广泛应用

第二次世界大战期间，由于战争的需要，科学家对放射性物质的研究主要集中在制造核武器方面，二战结束后，科学家们又重新开始了和平利用核技术的研究。

面对能源短缺，核能的最大用途就是生产电力，而且核能发电相较石油、天然气和煤炭具有以下优点：不产生污染物，不会造成空气污染和地球温室效应；所使用的铀燃料，除了发电外，没有其他的用途；燃料密度高；发电成本稳定。

现今，核技术的飞速发展使得医学也越来越得益于核技术，许多病症都需要用放射性物质来预防和治疗，如癌症、传染病、关节炎、贫血等。利用核技术的"CT"和"核磁共振"还可以用来确诊人们身体的有关疾病。

核技术对食品的影响也越来越大。利用核技术可以消灭食物和植物中的病毒和细菌，从而延长食物有效期，使食物不易腐坏。核技术对食品的另一益处是改变植物基因，从而提高植物质量。

核能还可用于其他重要事务，在核技术的帮助下，可以勘探地下水源，可以发现水坝受损及渗水。此外，核技术还能淡化水、扫雷等等。

总之，核技术是一项运用广泛、十分有益的实用技术，我们不应该因为个别人对核技术的滥用，而否认和平用核技术给人类做出的积极贡献。

化学元素周期表的顺序，首先轰击氢和含氢的水，然后轰击锂，继而轰击铍、硼、碳和氮，但都没有收到预期效果。这时，费米的顽强性格并没有使他在失败面前退却，实验继续下去了。当他轰击到氟时，得到了报偿，氟被强烈地激活了。周期表中氟以后的元素也同样被激活。在两个月的时间里，费米领导的实验小组得到了30多种放射性同位素。

费米实验小组在用中子轰击重元素时,实验紧张而又十分有趣。科学家们忙碌但乐在其中。轰击的物质要靠一种计数器来检验放射性,但中子源发出的辐射会干扰测量的准确性,因此被轰击的物质和计数器被分别放在一个长走廊的两端。有时,有的元素产生放射性时间很短,不到一分钟时间就不能再测验了。这样一来,迅速就成了测验准确的最重要条件。限于当时信息传递条件,只有靠人在走廊两端的中子源和计数器之间

费米实验小组的成员们

迅速跑来跑去。就连费米本人也加入奔跑行列,他和阿玛迪尔是参加实验的人当中跑得最快的,担当了将寿命短促的放射物从长廊一端送到另一端的任务。

一天,实验正在进行中,一位来自西班牙的科学家要求会见费米。在实验场所一楼的大厅里,这位客人碰到了埃米里奥,他问道:"费米阁下在哪里?"埃米里奥答道:"教皇就在楼上。"(费米他们曾把自己的学派比喻为一个教派,别人都诙谐地称费米为"教皇")客人迷惑不解,埃米里奥马上说:"我指的教皇就是费米。"

西班牙客人来到楼上,看见两个人正拿着一样怪东西迅速从他身边跑过,他转了一下没有发现另外的人。正想喊一下那两个人,但那两个人像发疯一样又迅速跑过去,当两个人第三次从他身边经过时,他大声喊道:"我找费米!"其中一个人对另一个人说:"恩里科,这位客人找你!"另一个人应了一声就又跑向另一边。在一个计数装置跟前,费米会见了西班牙科学家。这位科学家并没有对费米的怠慢感到不快,反而赞扬了他对科学实验尽心尽责的认真态度。

实验在费米的主持下继续进行下去。当他们用中子源轰击当时元素周期表中最后一个元素铀时,奇迹出现了:他们发现产生的放射性元素不止一种,其中至少有一种不能看做铀的同位素。会不会是化学家们正在寻找的第93号元素呢?经过认真研究,费米断定它不是新的元素,而是铀核裂变。这意味着人工制成了超铀元素,它可以用来作为一种爆炸物,释放出巨大的能量。实验的成功,使费米兴奋不已,伙伴们

也欢欣鼓舞。

　　暑期过后，一位名叫布鲁诺的学生加入了实验小组。一天，布鲁诺和阿玛迪尔试验银的放射现象，方法是把金属银做成空圆筒，筒中放着中子源，再把银圆筒装进一个铅盒当中。布鲁诺发现，银圆筒放在铅盒中不同位置时，会产生不同的放射反应。布鲁诺和阿玛迪尔搞不明白，就去请教费米。费米认为银圆筒周围的东西会影响它的放射性，建议他们改用石蜡代替铅盒试一下。

　　两位年轻人接受了费米的建议，进行石蜡试验。他们在一大块石蜡上面挖出一个空穴，放入中子源和被照射的银圆筒。这时，计数器迅速发出"咔咔"的声响，产生的放射性比在铅盒中提高了100倍，使整个实验大楼里的人们一致发出惊呼。

　　这是为什么呢？费米经过冷静思考，做出了解释：石蜡中含有大量的氢，氢核的质子是与中子具有同样质量的粒子。石蜡中的中子源先击中石蜡中质子。中子在与质子相碰时失掉一部分能量，速度降低，有更多机会被银原子俘获，于是放射性大增。

　　当实验组的同行问费米"其他含氢成分大的物质是否也具有石蜡的效果"时，费米立即想到用数量可观的水进行试验。结果表明：水也使银的放射性成倍增加。于是得出一个重要结论：用慢中子轰击元素，产生的放射性元素成百倍地增加。

　　正当费米率领实验小组在放射性元素试验方面取得巨大进展时，一系列不测事件发生了。

　　1935年，意大利法西斯发动了对埃塞俄比亚的战争，费米的妻子因为是犹太人而使全家在意大利法西斯分子反犹太人的运动中受到株连。1937年1月，费米的好友和实验资助人卡宾诺不幸逝世。这一连串的事件，对费米打击重大，他决定离开意大利前往美国哥伦比亚大学任教。

　　由于费米利用中子辐射发现放射性元素和利用慢中子引起核反应取得成功，荣获了1938年度诺贝尔物理学奖。他到瑞典

1964年10月16日，我国第一颗原子弹爆炸成功。

领奖后，全家于1939年1月来到纽约，然后来到哥伦比亚大学，与年轻的物理学家安德森、扎因等密切合作，致力于核裂变链式反应的研究工作。

1941年12月，日军偷袭珍珠港事件爆发后，美国对日宣战，接着对德、意宣战。费米虽然加入美籍，但毕竟是"意侨"，心理上承受一定的压力，自由旅行受到了限制，不过作为科学家，他的全部精力都投入到核裂变的研究当中去了。

费米力图建立一个核反应堆，进行受控核裂变反应。核反应堆，就是以可控方式产生自持链式裂变反应的装置，用于产生热能、生产放射性同位素、产生强辐射磁场等。从1939年起，费米就全力投入这一研究。

为什么采用"堆"的形式呢？

费米在研究中发现，有两个困难难以解决：一是铀裂变过程中释放中子太快，因而不能作为有效的原子核去引发铀裂变；二是由于中子大多数在有可能使铀分裂之前，就逃逸到空气中或被物质吸收掉了。怎样解决困难呢？以费米为首的科学家小组决定对水下铀裂变的研究加以探讨，可经过多次试验发现，消遣的氢吸收中子太多，使链式反应无法进行。费米和另一位科学家建议用碳作为减速剂，把铀块和纯石墨分层叠放，形成一个"堆"，这就是核反应堆。

两位科学家的建议经过论证被认为是可行的，并且取得了有关部门的支持。可是，要建成他们所说的"堆"，谈何容易。当时在美国只有少量的几克铀元素可供使用，而石墨产品的数量和纯度都远远满足不了需要。毅力顽强的科学家们并没有在困难面前低头，自愿担负起准备材料的工作。

1940年春天，一定数量的金属铀和几吨高纯度的石墨运抵哥伦比亚大学。费米和安德森开始在一间实验室里堆起石墨砖块。他们把石墨块砌成一个圆柱形，下面安置一个中子源，以便观察中子束对石墨产生什么影响。

由于费米等人在放射性元素方面的努力和取得的成功，美国陆军部在1942年初开始实施"曼哈顿计划"，就是利用核裂变过程制造超级炸弹的计划。费米的科学实验小组也被列入这一计划，计划负责人康普顿通知费米，他的人员、资料和设备立即转移到芝加哥，并决定在芝加哥大学体育场网球场内建造反应堆。

反应堆建造工作在绝密情况下进行，连费米本人也不知道"曼哈顿计划"的内情，对外声称建立"冶金实验室"。费米等科学家投入紧张的设计和建造工作。反应堆是直径7米多的圆球体，由铀和石墨堆积而成，里面安装有镉棒。用于裂变的铀235浸没在它的同位素铀238之中，作为减速课桌的石墨板一层层堆积。于是整个装置被称之为"反应堆"。建造工作用了6个星期的时间，于1942年11月底完工。用了6吨金属铀、50吨氧化铀和400吨石墨。

核反应堆结构图

镉棒
水泥防护层
铀棒
石墨

1942年12月2日，反应堆中的镉棒开始借助其周围建造的复杂机械被提升，反应堆开始工作，各种仪器连续测录出反应堆中子流的强度。科学家们都来到现场，康普顿博士也亲自参加。当安德森向费米报告一切准备就绪后，费米向操作人员下达了抽出镉棒的命令，计数器开始计数，图像扫描出现曲线，核裂变反应试验成功。它的总设计师、总工程师就是美籍意大利物理学家费米。

人类发明了核反应堆，实现了人工控制核能的目的，这是人类利用原子的奇迹。可是，巨大的核能却首先被制成核武器，用来进行毁灭性的战争。1945年8月，两颗原子弹的爆炸，给日本人民带来了巨大的灾难，这是费米所想象不到的。

从20世纪50年代起，核能被广泛用于和平目的。1946年，苏联建成第一座核反应堆，1954年建成世界上第一座核电站，并于同年6月27日发电。到20世纪80年代初期，全世界已有300多座核电站投入使用。我国建设的两座核电站于20世纪90年代开始发电。到20世纪末，全世界的电力有四分之一来自核电站。

核能作为船舶的动力始于20世纪50年代。美国的第一艘核潜艇建于基尔，苏联的核动力破冰船"列宁号"于1957年12月开始下水。1962年，美国的核动力货轮"萨凡纳号"首航成功。

随着科学技术的发展，人类将进一步和平利用核能，并有效地防止核污染，使核裂变产生的巨大能量造福人类。

20世纪50年代核能开始作为船舶的动力

核能一直被广泛应用于军事领域

电 影

——人们文化生活的"食粮"

　　在当今世界上，很少有人没看过电影。电影已经成为人类不可缺少的一种高级娱乐形式和人们文化生活的"食粮"。无声电影是19世纪末的一项重大发明，当时的电影，实际上是一种无声的动画。反映现实生活和历史题材的艺术电影、有声电影和立体电影，都是20世纪出现的，因此，可以说真正的电影是20世纪的发明。

　　电影最早出现于1895年。法国的两位摄影师路易·鲁米埃尔和奥古斯·鲁米埃尔两兄弟设计出一种手提式摄影机和一种能够把活动图画投射到宽大银幕上去的机器。1895年12月28日兄弟俩在巴黎卡普西尼大街14号租用了一间宽大的地下室，摆放了100把椅子，作为电影放映场地，为交费入场的观众放了他们摄制的无声电影。电影内容是不连贯的人物活动场景，诸如吃奶的婴儿、进站的火车、下班的工人等。这场电影就是世界上的第一场电影。1895年12月28日这一天，作为"电影发明日"被载入人类的史册。

尽管鲁米埃尔兄弟在世界上第一次放映了电影，但最早的电影摄影机是由美国发明大王爱迪生在实验室里制造出来的。爱迪生的助手肯尼迪·狄克逊于1889年设计出一种可以拍摄150英寸（约3.8米）长胶卷的链轮系统，并于1891年制成电影机的前身设备。法国的鲁米埃尔兄弟放映电影的消息传到美国以后，爱迪生也拿出了自己公司的电影机，于1896年4月23日在纽约的一家音乐厅内放映了美国的第一场无声电影。从此，摄制和放映无声电影的活动在欧美大陆上渐渐盛行起来。

　　在20世纪最初的十几年中，带有故事情节和特技镜头的电影开始上映，使电影从一种叙事形式发展成为一种艺术，并出现了一批像卓别林那样具有表演天赋的艺人。为了解决声音问题，美国于1915年摄制的历史题材电影《一个国家的诞生》，采取了用大型乐队在放映场地伴奏和放映现场用人解说的方法以增强无声电影的艺术效果。

　　尽管这一时期大西洋两岸的电影业十分兴旺，出现了一批富有想象力的天才编剧、演技高超的表演艺术家，但由于伴声和画面不协调，严重地影响了放映效果和群众情绪。人们渴望着有声电影的问世。

　　真正的有声电影于1927年问世。美国的沃纳兄弟制成了世界上第一部有声电影胶片——《爵士乐歌唱家》，这是一部由演员埃尔·约尔森演唱的几支歌曲形成的艺术片。由于约尔森在歌曲中间意外地插入了一段即兴讲话，这段话的第一句

*1905*年，中国人自己拍摄的第一部电影——《定军山》诞生。

*1931*年3月，中国第一部有声电影——《歌女红牡丹》问世。

*1933*年，胡蝶登上了中国第一位"电影皇后"的宝座。

*1926*年，中国第一部动画片——《大闹天宫》制作成功，同时揭开了中国美术片的序幕。

"你们还有什么没听见过"就成为有史以来电影伴音的第一句话。从此，这句话就成为发展电影事业的口号，推动着电影事业的发展。

电影事业的发展速度是相当惊人的。到1930年，电影刚刚出现30多年，光是美国，每周电影上座率就达1亿人次。人们对电影的狂热，进一步促进了电影的发展，其中最值得称道的是立体电影的发明。

立体电影是能使观众在不使用特殊眼镜情况下产生立体感和真实感的电影摄制和放映新方法。它是用3架放映机将画面同时投影到一个半圆形宽银幕上实现的。立体电影的发明者是美国的发明家沃勒。

沃勒是一位自学成才的发明家，他曾获得过60多项发明专利。他用50多年的时间研究照相，并且担任过派拉蒙电影公司特技制片部的负责人。

沃勒自青年时代起就对电影有着特殊浓厚的兴趣。他常想，能不能让坐在电影院里的观众也像电影中的人物一样具有身临其境的立体感呢？要解决这一问题，必须有足够的理论知识。沃勒为了增加理论知识，刻苦学习光学和视觉心理学，他终于得出如下结论：既然人的两只眼睛可以从不同角度直视前方，那么，只要能在摄影时尽可能地再现人的视野的半圆形，观众在看电影时，就会自然产生一种真实的感觉、立体的感觉。沃勒的这一结论被称为"圆周视野"。这个结论经过当时的达特莫斯眼科研究所所长艾姆斯教授的研究，得到了证实。

能不能把这一立体电影的原理实际应用到普通电影银幕上去呢？原理上是可行的，可实际应用时，需要克服许多困难。

1937年，沃勒设计了一种能把影片放映到球面体内侧上的设备，在建筑业主沃尔克的帮助下，他们发现了在普通银幕上应用立体电影原理的方法，把这种方法称之为"维他拉玛全景电影"，并获得了专利权。沃尔克为这个发明的实际应用慷慨解囊提供资金，建立了一座研究立体电影

的公司。后来，大财团主洛克菲勒购买了公司的一半股份，并同意把他在纽约的摄影棚作为实验室提供给沃勒开展实验工作。

第二次世界大战爆发后，沃勒被迫中断了自己的研究而到海军服务。这期间，他为海军的枪炮技术训练设备应用了全景电影方法，提高了训练和作战的准确性。

战后，他重新为立体电影的发明耗费心血，但由于沃尔克企业财团中断了财政援助，他的研究无法继续。1946年，泰姆公司对他的工作发生兴趣，并和洛克菲勒等几家公司一起共同成立了立体电影公司。沃勒在公司中继续开展研究工作，经过3年的努力，于1949年制成了三镜头摄影机和3台放映机，为立体电影的实际应用迈出了最艰难的步伐。

从事发明工作不会总一帆风顺的。正当沃勒全力向立体电影发明的终点冲刺时，洛克菲勒公司和泰姆公司都因长期收不到效益而中断提供援助，并提出整顿立体电影公司。正在这一紧要关头，哈查德·利维斯公司经理独具慧眼，设立了一个新的立体电影公司。公司的无线电解说员托马斯对立体电影产生了浓厚的兴趣，他和利维斯经理为支持用新方法制造和销售立体电影片投入了私人成本，这就推动了沃勒的研究进程。

不久，沃勒在利维斯等人帮助下，首次成功地放映了世界上第一场立体电影。

立体电影及1940年出现的彩色电影，更使得电影成为人类文化生活中不可缺少的"食粮"。

电 视

——无线电与电影的"联姻"

从20世纪30年代末全电子电视问世到现在不过80多年，可这项伟大的发明给人类生活带来了无与伦比的变化。过去人们只能在电影院看有声有像的电影，而在家中只能听无线电广播。电视——电影和无线电的"联姻"登堂入室，闯入普通家庭，成为人们获取信息、学习知识、文娱活动、生产生活不可缺少的良师益友。

电视的发明，在人类文明的史册上写下了光辉的一页。在叙述电视的发明之前，先让我们回顾一下美国第一次电视实况转播的壮观场面吧！

1939年4月30日中午，成千上万人拥挤在纽约市的弗拉辛草坪上观看世界博览会开幕式的盛况。在主席台的一排话筒中间，架起了一台人们从来没有见过的新机器——电视摄像机，全国广播公司正在进行博览会开幕式的电视实况转播，这是美国第一次电视实况转播。

坐在电视机前的观众聚精会神地注视着电视屏幕，他们首先看到的是博览会的标志——宇宙针与环球。接着，屏幕上出现和平宫，接下去是接连不断的游行队伍。一会儿，观众看见他们的市长拉瓜迪亚径直向自己走来，继而看见罗斯福总统的轿车开了过来……

这次美国历史上的第一次电视实况转播，进行了两个多小时。由于当时电视机为数极少，数百名观众是从美国无线电公司展出的12英寸电视屏幕上观看这一空前场景的。这套节目是通过电缆把声像信号送往帝国大厦顶部的电视发射台，再通过发射台送出去的。同时接收的还有一座音乐厅里的一台电视机。观看电视的人先睹为快，大饱眼福，他们感到新奇，受到鼓舞。

当天晚上，成千上万的人排着长队到广播公司去看他们从未看过的电视节目。

电视给观众带来了无比欢快，使他们欢喜若狂。可当时，他们哪里知道，电视的发明走过了漫长的路。

电视是视觉影像传输装置。通过机器传送影像，对于古人来说这是不可想象的。19世纪30年代，英国科学家贝恩开始了对这项人类不敢企及的事业的探索，提出了用电传输图像和文字的设想。19世纪40年代初，他进行了世界上第一次电传真实验，并于1843年取得了专利。但是贝恩不知道光电信号互相转换的光电效应，这就阻碍了他对视觉影像传输的进一步研究，没有取得实质性进展。

法国早期的机械式电视机

因为光电效应是电视的最基本原理，要叙述电视的发明，还得先谈谈光电效应的发现。

1873年的一天，英国电气工程师史密斯用硒电阻箱检查海底电缆的一个装置时，突然发现，当硒电阻箱的箱门打开时，电缆中电流立即增加，而关闭箱门后，电流又马上恢复正常。当时，人们已经知道硒并不导电，为什么会出现这一奇异现象呢？史密斯最初以为是电缆出了问题，仔细检查后，确定电缆正常。是什么原因呢？细心的史密斯决心弄个水落石出。他反复进行实验研究，终于发现：硒是由于受到阳光照射产生电的，这是光电效应现象。

这一奇妙现象，被物理学家赫兹在1888年得到证实。不久，俄国科学家斯托列特夫对这一现象进行了系统研究，总结出光电效应规律，从而把史密斯的偶然发现上升为科学定律。

进入20世纪，科学家和发明家都想利用光电效应为人类服务。1912年德国发明家耶斯塔和盖特根发明了可以进行光电转换的关键器件——光电管。这个真空的玻璃管，可以把光转换成电，这就为传输视觉影像提供了最重要的部件。

在出现光电管之前，人们也曾为传输视觉影像进行过不懈的努力，提出过不少设想。

1875年，美国工程师肯阿里曾做如下设想：把照片分成若干黑白小点，同时制作一块与照片上的黑白小点相对应的硒颗粒板，再制作一块与硒颗粒板相对应的小灯泡板，用一根根导线把一个个硒颗粒和小灯泡连接，再把分解成黑白点的照片放到硒颗粒板前用灯光照射，由于光的弱强不同，就能显示出图像来。尽管由于硒颗粒产生的电流太弱，肯阿里的实验并没有成功，但他把图像分成黑白像素的设想，为电视的发明奠定了重要技术基础。

继肯阿里之后，俄裔德国科学家尼普科夫从另一方面研究图像的传输。1883年，他制成了电气与机械相结合的扫描系统——"尼普科夫盘"。这是一个有孔的快速转动的轮子。在扫描盘的后面，用灯照明景物，随着盘的转动，盘上的孔就把景物分成光点和暗点，变成电信号，再传给接收机，显示出粗糙图像。这可以说是后来电视传输的雏形。

20世纪初，阴极射线管和光电管的出现，为人们研制摄影机器提供了基础元件。最先考虑利用阴极射线管接收图像的科学家是圣彼得工学院的罗辛教授。1907年，他提出远距离接收方式：由机械式发射机和阴极射线管组成的接收机共同完成。与此同时，英国科学家斯温顿也考虑到了利用阴极射线管发射和接收图像，但他们的想法都没有变成现实。

真正利用电子方法成功传输图像的发明家是俄裔美国人佐尔金。佐尔金在圣彼得工学院学习电工期间，是罗辛教授的学生。他1910年对电视发生兴趣，并根据罗辛关于阴极射线接收机的计划开展研究工作。在研究中，他发现利用机械扫描方式发射图像存在较大局限性，难以成功，就放弃了这一研究，开始考虑采用电子方式进行图像信号的发射。佐尔金于1919年移居美国，进入威斯汀豪斯公司从事研究工作。他制成了一种电子扫描装置，装置的主要部件是光电摄像管，光电管内有一块感光金属板，当摄像机对准景物时，由电子束形成的小圆点按景物受光强弱带有电荷，再通过电信号发给接收系统，最后转换成光信号显示出图像，这是当代电视的最初形式。佐尔金于1923年就此项发明获得了专利。

当时，佐尔金所在的威斯汀豪斯公司虽然同意佐尔金从事电视研究，但却认为电视的发明需要较长时间，不能现得利，就让佐尔金去从事光电波研究。而美国无线电公司的副经理萨尔诺夫对佐尔金的工作产生了浓厚兴趣，资助佐尔金并给他配备了几名助手。

链接 Links

继几位发明家发明电视之后，电视开始了它的高速发展：从20世纪50年代开始出现世界性的电视热潮，到70年代，全世界拥有近3亿台电视机。中国从50年代开始试播电视节目，70年代初开始试播彩色电视，70年代末大踏步地向世界电视前进，到90年代初，中国已经成为拥有观众人数最多、生产能力最大的电视"超级大国"。

年度	拥有电视的国家数	电视台数	电视机总数（万）
1955	20	600	4100
1958	50	1330	7100
1963	70	2380	13000
1970	127	6122	25485

1930年，佐尔金转到美国无线电公司工作，该公司大量投资支持他的研究，1939年他和助手们完成了改善电视实况转播的工作。1940年，美国政府正式批准采用电视广播。

在佐尔金研究电视的同时期，美国的另一位发明家也在从事这一工作，他就是具有神童之称的法恩斯沃斯。这位来自缅因州的个人发明家从小就通过自学掌握了一些电子知识，他先在洛杉矶、后在旧金山用比较简单的设备进行研究。1927年，他提出全电子系统，发明了析像管。法恩斯沃斯一直得到飞歌公司的资助，到1935年，他的研究取得明显的进展。但是，投资已达百万元以上的飞歌公司已经不能再等待研究成果，法恩斯沃斯只好自己成立电视无线电公司，并先后与英国、德国及美国的一些公司签订了专利使用电视机的合同。

就在美国的两位发明家潜心致力于电视发明工作的同时，大西洋彼岸的英国却先于美国在广播中采用了电视系统。

英国的贝尔德研究所成功地利用机械系统于1929年实现了原始的电视广播，但是英国电气和公用事业公司认为美国佐尔金的电子系统比较优越，于是成立了电视研究小组，负责人是舒恩贝尔格。他率领小组成员制成了光电摄像管，改进了其他装置，并于1935年向英国广播公司提供了可以实际应用的电视转播系统。

英国发明家贝尔德发明的机械扫描电视机

英国广播公司于1936年11月2日开始，每天播出2小时电视节目。1937年，5万名观众在电视中观看了国王乔治六世的加冕典礼，比美国的实况转播还早两年。

从大西洋两岸的情况看，电视的发明并不是某一个人的功劳，而是几个发明家共同的劳动成果。比较突出的两位发明家是美国的佐尔金和英国的舒恩贝尔格，而机械扫描电视的发明者则是美国的贝尔德。

尽管电视是第二次世界大战前发明的，但受到战争的影响，电视的实用发明并没有多大的进展。直到1947年，黑白电视才真正进入实用阶段。到了20世纪50年代彩色电视也开始出现。1958年美国几乎每个家庭都有了电视机，电视台也多达500多家。从20世纪60年代开始，电视逐渐在全世界得到普及，成为影响人们生活方式的一项重大发明。

彩色照相

——自然本来景色的复制

从远古的洞穴人开始，人类就有把自己的形象、活动的场面和大自然的景观记录下来的愿望。当时没有文字，人们就用烧黑的树木在墙壁上画出图形。这粗糙的图形给以后的艺术家们以启迪，发展了绘画艺术。

到了19世纪，绘画艺术已相当高超，可绘画总使人或多或少地感到"不真实"。能不能用一种器械记录人的形象或自然景色呢？19世纪照相术的发明，使人类实现了记录事物本来面目的愿望。

世界上第一张照片是法国人尼普斯于1826年摄制的。尼普斯的合作者德奎尔于1839年12月向全世界公布了由尼普斯和德奎尔共同发明的实用照相技术。尽管早在16世纪就出现了简单的"照相遮棚"式的古老摄影方式，但没有照片保留下来。

从19世纪30年代开始，照相技术不断发展，19世纪50年代出现了快速曝光技术，60年代第一张微型照片问世，到了80年代，明胶底片开始使用。20世纪初，高速照相、微型照相和电子照相也娴熟起来。但是，在所有照相技术中，有一件令人失望的事情，那就是不能使风景和人物照片具有天然色彩，发明家和摄影爱好者都试图解决这一问题。

第一张黑白照片的摄制者尼普斯在逝世前还念念不忘地向他的弟弟克劳德交代，要他全力以赴去解决照片的色彩问题。德奎尔和以后的几位摄影家也留下许多同样的遗愿。

在对待这一问题上，大多数人持悲观态度，他们认为彩色照相是不可能实现的，就连1891年出版的百科全书也这样写道："那种说发现了用自然色彩进行艺术照相方法的传闻，虽然时有传出，但这只能反映出某些人为了自己的利益而蒙骗群众。"其实，百科全书这种武断的提法是不恰当的，因为彩色照片已于1861年开始出现，只不过不是一次拍摄成功的。

在照相技术发明之前很久，人们就已经知道白色光是3种单色光组成的。这一事实首先使一些医学工作者确信，照片的色彩问题并不是不能解决的。

1861年麦克斯韦制成的第一张彩色照片是3张分立的底片拍摄3次制成的。第一次通过盛在玻璃容器中的蓝色液体滤色拍照，第二次用绿色，最后一次用红色。当时，人们制作彩色幻灯片，就采用这种办法。先制取3种分立的底片，再同时投射到一幅屏幕上就得到了成功的合成彩色图像。在以后的几十年中，尽管制取彩色照片的方法不断改进，但都不是一次摄制成的。

进入20世纪，发展起来一种射束分享彩色照相机，运用两个互成45度的反射镜射入光束，第一个镜子反射出红光束，第二个镜子反射出蓝光束，而绿光直接射入。利用这种方法，一次曝光可以提供3张分享的照片底片。从这3种底片可以制成包括红、黄、蓝3种碳色素的明胶印制片，再装配在一起，就成了一张彩色照片。

这种彩色照片虽然可以达到复制大自然本来色彩的目的，但是制取方法复杂，不是每个会摄影的人都能轻易掌握的。1907年，彩色底片的出现，特别是柯达彩色胶片的发明，才开始使彩色照相术得到广泛的应用。

1907年，法国的鲁米尔兄弟首先制成了彩色底片。他的制作方法是，先在底片上涂层薄而精细的谷物淀粉，预先分别染上绿、红、蓝3种颜色，再加以混合，接着在这层淀粉上涂上一层全色火棉胶。这样一来，每一种颜色的谷物粉相当于一个单色滤色器，火胶就通过它来曝光。显影之后，再对底片进行曝光，结果就是一张由原色谷物淀粉构成的透明彩色照片。

*1826*年，人类历史上的第一张相片诞生，是由法国发明家尼普斯在其家乡Le Gras拍摄的。这张照片显示的是从他家的楼上看到的窗户外的庭院和外屋。而拍摄的方法则是通过在针孔照相机内的一块沥青金属板上曝光形成，经过了约8个小时的曝光时间。尼普斯将其命名为"Window At Le Gras"，有"不需要手绘也能留下美好回忆"的含义。

鲁米尔的彩色底片虽然开创了彩色摄影的新局面，但由于制造复杂、成本昂贵而没有得以普及。柯达彩色胶片的出现，才使彩色照相术得到了广泛的应用。

商用柯达彩色胶片的发明，经过了许多人的努力。首先应提及德国的费希尔和狄格利特。从1910年起，他们企图发明一种为一般摄影师所使用、方法不比使用黑白胶片复杂的彩色胶片。最后制成的胶片由3层乳剂层组成，上面的一层对蓝色感光、中间一层对绿色感光、底下的一层对红色感光，各层用透明的胶膜包覆，这就是柯达彩色胶片，其显影采用减色式三色成色显影法。成色剂不在乳剂中，而是在显影液中。

柏林的费希尔博士和他的助手狄格利特在1910年到1914年间开展了这方面的研究，他的研究为后来的各种天然成色法奠定了基础。费希尔阐明了染料成色法的基本原理，详细论述了由3层乳剂层组成的多层彩色片，提出在绿色和红色感光乳剂层之间使用透明的明胶层。他还探讨了这种多层彩色片显影的基本设想。在费希尔博士1912年取得的专利中记载着他使用在乳剂层中形成彩色画面的化合物成色剂，以及为达此目的应采用的各种不同成分，以后广泛采用的柯达彩色胶片就使用了与此相同的成色剂。

费希尔和狄格利特曾努力研究各种成色剂，并制成了加入成色剂的感光剂，但由于他们没有掌握控制扩散的方法，加入的可溶性成色剂在各层间扩散，也就无法分离出令人满意的多层彩色片颜色。

就在费希尔博士研究彩色胶片的同时，彩色电影公司研究人员特罗兰博士也在研究彩色胶片。1912年，他申请了多层彩色片的调制和使用方法的专利。特罗兰曾研究过双层的多层彩色片，考虑使用反转材料，或直接制成三色透明底片。特罗兰的专利后来被柯达公司获得。

在彩色胶片研究人员中，获得实际成功的是戈德斯基和曼内斯两位发明家。他们是美国专攻音乐的学生，在纽约上中学时，就对照相技术产生了浓厚的兴趣，进行过许多特种摄影实验。当曼内斯和戈德斯基分别进入哈佛大学和加利福尼亚大学以后，便利用假期聚到一起研究摄像。开始时，他们改进相机和放映机零件，并取得了专利，后来考虑制造彩色胶片。

两位青年学生在研究彩色胶片方面表现出了顽强的毅力。他们不要父母的资助，通过业余时间教授音乐和举办音乐会，赚钱来维持学习、生活和研究所需费用。研究胶片，需要丰富的化学知识，他们就通过刻苦自学，弥补化学知识的不足。没有实验室，就在曼内斯的厨房里进行实验。

这两位具有音乐天赋的年轻人对彩色底片的研究简直着了迷，就连赴欧洲举办音乐会途中，还在抽时间进行实验。他们的精神感动了一些企业界的老板，柯达公司为了帮助他们研究，向他们提供了涂布干板，资助他们的研究工作。

最初，两位发明家研究了双层式多层彩色胶片，后来转向研究三层式多层彩色片。在研究中终于发现了在显影时控制显影液扩散的方法，从而实现了把显影液的作用限定在一个乳剂层中的目标，在这一点上他们超过了费希尔，并决定了柯达彩色胶片研制的最后成功。

1925年，柯达公司的米斯博士邀请曼内斯和戈德斯基两位发明家到柯达公司工作，并给予高工资待遇，拨出专利使用费，提供完善研究设备和技术条件。他们潜心研究，不断改进，在柯达研究所人员的大力协助下，于1935年研制出了柯达彩色胶片的生产方法，开始大量生产柯达彩色胶片。至此，一个摄影师不必具备化学方面知识，就可以拍摄出鲜艳的彩色照片了，这就实现了人们通过照片复制自然本来面目的愿望。

彩色照相技术的出现，更进一步推动了照相技术的发展。1947年，最先出现了一种拍照和洗印在一架照相机中进行的方法。这一方法首先由兰德发明，后来又经波纳诺依德改进，形成了"波纳诺依德照相系统"。到了20世纪60年代，这种系统已相当完善：一张胶片经曝光之后，立即从照相机中慢慢地拖出来，并且色彩已染到相片上了。至此，人们复制自然本来景色的愿望终于得以实现。

磁性录音

——保存声音的最佳方式

声音, 包括语言、音乐和各种音响, 是人类生活、生产和相互交流的重要媒介。从古代起, 人们就企望能把声音保存下来, 但限于科学技术条件, 长期难以实现。

进入20世纪以来, 许多科学家想方设法记录、保存声音, 终于在磁性的帮助下如愿以偿。磁性录音的发明丰富了人类的科学文化宝库, 是20世纪一项十分了不起的重大发明。

磁性录音, 是把声响变成电信号, 使磁性材料发生选择性磁化, 从而把声音录在钢丝或塑料带上的保存声音的方法。它的发明人是丹麦工程师浦耳生。

浦耳生于1869年出生。他24岁大学毕业后, 在哥本哈根电话公司担任技术助理。由于他对留声电话机特别感兴趣, 就在自己担任的 "处理索赔" 工作之余从事个人研究。在实验中, 他发现: 当麦克风的电流通过电磁铁时, 如果迅速地把钢丝移到电磁铁一侧, 或者把电磁铁迅速移到钢丝一侧, 由于声音的强弱变化, 会使钢丝产生磁化。

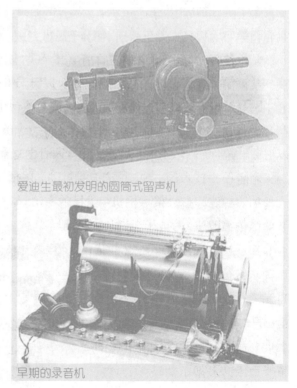

爱迪生最初发明的圆筒式留声机

早期的录音机

于是, 浦耳生进一步钻研, 于1898年发明了留声电话机。这是一种采用电磁方式的留声机, 采用金属丝交变磁化的方法把人的话音记录下来。这一年12月, 浦

人类历史上被录下来的第一段声音

1877 年 8 月 15 日的下午，发明家爱迪生在自己的实验室，对着一个圆筒状的装置朗读了这样一句歌词："玛丽抱着羊羔，羊羔的毛像雪一样白。"这一句只有 8 秒钟的话立即被这个装置回放出来，这就是爱迪生发明的留声机。这句歌词也成为了世界上第一段被录下来的声音。

耳生就这种"录音电话机"申请了发明专利，首先获得了丹麦有关当局的专利权，1900年又向美国和欧洲的许多国家申请专利。这些专利除了使用钢丝、钢带以外，还包括用磁化金属粉末涂覆磁头的方法。

1900年，浦耳生的录音电话机在巴黎博览会上展出时，受到普遍称赞。特别是钢丝或钢带通过退磁后可反复使用，而且反复多次录音无损于录音质量。他的这一发明得到了世界公认。

但是，浦耳生的这一重大发明在欧洲却得不到财政支持，无法投入生产。浦耳生和他的同事佩德森为使这项发明商业化，要求美国提供财政援助，并于1903年和美国的使用者共同创立了美国录音电话机公司，制造出记录用录音机和电话录音机。这些录音设备运转性能良好，但在声音再生和回绕速度方面存在缺陷。要克服这些缺陷需要花费较多资金，在资金使用方面股东和经营者发生了矛盾，致使公司破产。

公司的破产并没有使浦耳生和他的同事丧失改进录音设备的信心。1907年，他和佩德森采用直流偏压法大大改进了录音质量，但声音再生时，仍然有较大的杂音难以消除。虽然杂音难以消除，但浦耳生已尽到最大努力，改进的任务只好留给后人。

20世纪20年代，美国海军研究所的研究人员卡尔森和卡彭特研究改进了磁性录音。因为海军认为，磁性录音有可能应用于电信的快速接收，所以支持它的研究人员积极参与改进录音效果的研究。

卡尔森等人在研究提高无线电通信用录音再生机的灵敏度时，曾采用交流偏压法。能不能用这种方法改进录音再生效果呢？当他们把这种方法用于磁性录音时，确实减少了杂音，提高了声音再生的效果，使磁性录音质量大为提高。

20世纪20年代末，磁性录音设备的商品化取得了一些进展。一名叫做斯蒂尔的

技术人员在德国资本家的援助下，设立了制造和出售磁性录音设备的具有专利权的辛迪加公司。电影事业的先驱者布拉特纳获得了磁性录音设备的制造权，并在美国建立了几家企业专门生产录音用钢带，后来他又把制造权卖给马可尼公司。马可尼公司为英国广播公司制造了磁带录音机，另一家公司制造出记录用和电话用录音器合在一起的通用录音机。

用钢丝和钢带作为录音带的基础材料，由于造价昂贵等原因难以大力推广。20世纪30年代，塑料的出现和用塑料制造录音带，使磁性录音得以迅速普及。德国的个人研究者费勒默博士对促进塑料录音带的发展起了重要作用。

开始时，费勒默博士使用纸带涂覆磁性材料做录音实验，后来采用了性能合适的塑料带。从1939年开始，费勒默与一家生产公司建立协作关系，研制生产醋酸纤维录音带，但由于某些缺点难以克服，后改用聚氯乙烯塑料制成了合格的录音带，即人们常说的磁带。

磁带为保存和再现声音提供了简便、经济的方法，它的最大特点是可以重放、易于消磁、可反复使用。磁带改用聚氯乙烯为基础材料，表面涂有氧化铁粉末或其他磁性材料，录音时，磁带经过磁头，磁头把由声信号转变来的电信号印在磁带上，重放时，磁带经过还原磁头，产生与记录在磁带上的信号相同的电信号，然后经过放大和处理，送给相应的输出装置，发出声音。

德国的发明家们在解决了录音带的材料问题以后，就把着眼点放在改进录音重放质

量的问题上。1940年，德国广播协会的总工程师希劳恩米尔和他的助手韦伯博士通过实验证实，采用调频压偏法可以大大改进再生质量，减少杂音。这使磁带录音机广泛用于第二次世界大战之中。

"燕舞燕舞一曲歌来一片情"，这句脍炙人口的收录机广告歌词在20世纪80年代末的中国家喻户晓。

除了德国以外，从20世纪30年代末开始，美国也有人研制录音方法。贝古博士曾研制过类似德国的录音设备，为布拉什发展公司研制生产"声波反射器"做出了贡献。贝尔电话公司研究设计出钢制录音带录音机的"拾音器"，成功地用于气象预报。1937年希克曼为贝尔电话公司研制成功使用合金录音带的性能优良的磁带录音机。

在美国，对磁带录音机的发明贡献最大的是阿穆尔研究基金会的一名青年技术人员卡姆拉斯。他在伊利诺工学院读书时，发明了改进型钢丝录音机。当时，卡姆拉斯需要高级材料及技术上的帮助，他加入了阿穆尔研究基金会，并得到了该会的帮助。他改进了高频偏压法、磁带涂覆材料和磁性录音在电影方面的应用，使磁带录音在美国得以广泛应用。早期的录音带走带速度较快，为每秒钟30英寸（约762毫米），几经改进后，成为广泛使用的每秒钟7.5英寸（约190.5毫米）和3.75英寸（约95.25毫米）两种。至此磁带录音机成为比较完善的录音设备。

现代录音器材

既然利用磁性材料可以记录声音，是否也可以记录图像呢？这当然是可以的。1956年，美国的金斯伯格和多尔贝研制出第一台实用的磁带录像机，从而在电视广播中引起了一场革命。可以复制、保存和重放电视节目的录放机进入了普通家庭。当前，磁带已被更为先进的光盘和磁卡所取代。

无线电通信

——跨世纪越大洋的发明

现在，只要提到无线电通信，人们就会想到与生产、生活及人与人交流联系密切的电报、无线电话、传真、收音机、电视、计算机网络等先进的信息传递手段。这些现代化的先进技术已经并将继续为推进人类文明起巨大作用。

无线电通信技术的发明，经历了19世纪最后几年和20世纪初许多科学家的艰苦工作，它是19世纪最后几年具备雏形、20世纪初得以应用发展的跨世纪的发明。

无线电通信，是一项集众多发明家智慧之大成，主要由马可尼和波波夫最初实现、费森登等人继续完善的一项伟大发明。

自从19世纪30年代英国大科学家法拉第证实电的存在以后，电成了人们最感兴趣、研究最多的课题。1888年，德国青年科学家赫兹打开了电磁波的大门，证实了电磁波的存在，这给后来的无线电研究和发明开辟了无限宽广的道路。

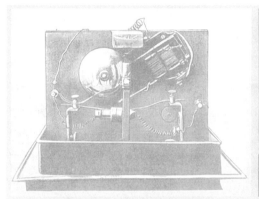

波波夫于1894年发明了第一台无线电接收器

波波夫和马可尼正在专心进行着无线电通讯技术的实验

在19世纪最后几年中，研究电磁波传送、接收和检测的热潮此起彼伏。法国物理学家希冉利、英国科学家洛奇和新西兰学者卢瑟福分别在自己的国家里研制出检测无线电波的金属屑检波器和磁性检波器。南斯拉夫发明家台思拉做了许多无线电波的遥控实验，点亮了远处的电灯，从而证明了无线电信号传输和接收的可能性。

在发明无线电通信技术方面，两位世界杰出的先驱者是俄国的波波夫和意大利的马可尼，他们在这一研究领域里几乎并驾齐驱，各自以自己的卓越成就书写着文明的历史。

1883年，大学毕业刚一年的波波夫进入俄国海军水雷学校当教员。除完成教学任务外，波波夫还领导学生进行电的研究。他特别热心推广电灯，立志给俄罗斯带来光明。当波波夫29岁时，赫兹发现电磁波的消息传来，他马上重复进行了赫兹的实验，提出了用电磁波进行通讯联络的最初设想，并着手进行这方面的研究。

1894年，波波夫制成了一台无线电接收机，他用电铃作为接收机的终端，用一个电磁继电器带动，当金属屑检波器测到电磁波时，继电器接通电源，电铃就会响起来。波波夫在这台接收机上安装了天线，大大提高了接收机的灵敏度。这一创举启发了发明家，才使这台接收机及以后的接收设备都装上了天线。

在一次试验中，由于不慎使一根金属导线碰到了金属检波器，电铃响了起来。波波夫把导线拿开，电铃反而不响了，只有缩短发射机和接收机距离，才使电铃响起来。这说明加上导线，可以扩大接收能力。于是波波夫索性把导线一端接到金属检波器上，另一端接地，使接收距离大为增加。

波波夫把这台仪器用到了气象方面，用以检测雷电。

链接 Links

马可尼的上海之行

20世纪上半叶，除爱因斯坦外，到过上海的著名科学家还有玻尔、海森堡、马可尼等人，其中意大利著名科学家马可尼的上海之行引起了较大轰动。

1933年，马可尼携夫人曼丽亚环球旅行，在中国先后游历了大连、北京、天津、南京等地，于12月7日清晨抵达上海，在上海停留了5天。马可尼在上海除出席交大的欢迎茶话会，并应邀为"马可尼纪念柱"奠基外，还参加了参观当时尚在建设中的真如国际无线电台等一系列活动。

马可尼的上海之行，不光为自己的马可尼无线电通讯器材中国公司做了最好的广告，也为上海刮起了一股无线电旋风。与爱因斯坦的相对论不同，马可尼的发明要实在得多。他的到来，在上海市民中也引起轰动。查阅当时《申报》可以发现，在马可尼访沪期间，报纸上的无线电广告甚多，主要是面向市民使用的装置真空管的收音机，时在1933年底，叫卖的却是"1934年式"，这种机子要价在数十元到数百元之间，购买者并不少，可见上海市民对无线电的热情。无线电既是科学发明，又是日常必需，在上海人心目中，那就是好东西。

1895年5月，波波夫在彼得堡一次物理化学学术会议上，发表了关于电磁波接收的论文，并当场展示了他发明的无线电接收机。第二年3月，波波夫和他的助手利用改进的一台无线电发报机发出了世界上的第一份内容明确的无线电报。由波波夫的助手雷希金发信号，波波夫在250米以外接收，报文的内容是："海因里希·赫兹。"

就在俄国的波波夫发送无线电报的同一年，意大利的青年发明家马可尼也在无线电通信方面做出了卓越的贡献。

还在中学时代，天资聪敏、勤奋好学的马可尼就特别喜欢物理。他的老师李奇曾送给他一本电学刊物，马可尼仔细阅读了其中介绍赫兹实验电磁波的文章，产生了浓厚的兴趣。他不顾父亲的不悦，在家里摆上了线圈、电铃、电键、导线，做起电磁实验。父亲常常说他是个幻想家，可他并不气馁。

1894年，20岁的马可尼终于取得了初步成果。一天，他在自己二楼实验室的长桌上摆上一台收发报装置，在一楼安放一个电铃，二者没有导线相连。他把母亲请到楼上，观看他发送信号。马可尼按动电钮，楼下立即响起电铃声。

母亲很高兴儿子搞出了成果，并把这一消息告诉了马可尼的父亲，父亲也很高兴。从此以后，马可尼再买实验器材，得到了家长的支持，实验比过去取得了更大的进展。

1895年夏天，马可尼在自家花园中进行了一次电磁波传送信号的实验。接收机带有一根金属

在无线电通讯方面做出卓越贡献的发明家马可尼（左）

天线，成功地用电磁波使10多米以外的电铃响了起来。使用的发射机是他的老师李奇改进的火花发射机。

这年秋天，他收发信号实验的距离达到了近3千米。

由于马可尼的进一步实验没有得到意大利当局的支持，1896年，马可尼得到英国的邀请，去英国进行进一步实验，并于这一年6月取得了英国政府的专利权。

马可尼在英国得到了英国邮电总局总工程师普利斯博士的大力支持。普利斯也在研究无线电发报，不过他用的是"感应"方法。由于方法不对，没有获得成功。他和马可尼会见后，十分赏识这位年轻人的才干和钻研精神，请他在邮电总局做进一步实验。

在普利斯的帮助下，马可尼进行了无线电信号的收发实验，不仅在邮政总局楼顶和对面300米以外的银行之间接收成功，还把收发的距离扩大到8千米。

1896年12月12日，马可尼在伦敦科技大厅里当着几百名观众，当场做了无线电信号起动电铃的表演，之后普利斯把这位意大利发明家介绍给英国公众。从此，整个英伦三岛都知道了无线电发明家马可尼的大名。

无线电信号跨海试验是在1897年5月进行的。5月18日，马可尼的无线电信号成功地跨越了布里斯托尔海湾。两年以后，马可尼的无线电电报装置第一次投入商业使用。19世纪最后一年——1899年的夏天，他又成功地实现英法海峡之间的无线电报联系，通信距离达到45千米。11月15日，试验收发报的距离突破了100千米大关。

无线电信号能不能越洋过海，在洲际间进行发射和接收呢？马可尼认为这是完全可行的。为了证实这一点，他决定在欧美大陆之间进行无线电信号传送的试验。

他的这一大胆设想尽管得到助手肯普的支持，但当时却存在很大难度。很多权威人士认为这是不可能实现的。原因是：距离太远，电磁波难以绕过地球的曲面，传

到大洋的彼岸；当时发射设备很简陋，只是火花发射机，没有功率放大器件，接收机也不具备现代超外差功能。

马可尼坚持认为越洋发送无线电信号是可行的，他决心进行试验，并做了大量准备工作。马可尼于1900年10月在英国海岸建造大功率发射台，采用了10千瓦音响火花式电报发射机，并安置了巨大的扇形天线。

发射的准备工作就绪后，马可尼就和助手启程前往加拿大的纽芬兰，物色接收地点。1901年11月26日，马可尼、肯普同另一名助手从英国利物浦乘上了"撒丁号"，开始了有历史意义的航行。10天以后，到达圣约翰斯港，在当地官员热情接待和帮助下，开始选择接收地点。他们选择了一座小山（后来被称为信号山），先用气球、后用风筝牵引起120米高的接收天线。

一切准备就绪以后，马可尼等待着预定通信时间的到来。当时，马可尼的心情异常激动。他想："这横跨大西洋、距离达到3000千米的无线电通信至关重要，为此，已经做了6年准备工作，并花费几万英镑。在各种困难的面前，我从未动摇过，这次实验如能成功，将证明我的理论的正确性，并为人类提供最佳的通信手段。"

1901年12月12日中午，预定的时间到了，有个微弱而清晰的"嘀嗒"声在马可尼的电话筒里响起，这的确是大西洋彼岸的声音。马可尼立即把听筒递给肯普，肯普听完以后说："这正是他们的信号，三点短码！"

人类历史上第一次越洋无线电信号传输成功了！这时，发明家马可尼只有27岁。在以后的岁月里，他继续为无线电通信做了大量有意义的工作。

1909年，35岁的马可尼因发明无线电而荣获诺贝尔物理学奖。1933年12月，马可尼访问了上海，受到中国科学家的热烈欢迎。

波波夫和马可尼传送无线电信号的成功引起了人们对声音传递的兴趣。加拿大出生的发明家费森登是最早实现用无线电话和无线电波传送音乐的先驱者。

费森登生于1866年，毕业于毕肖普大学后出任惠特尼学院院长，后辞去工作去纽约，在威斯汀豪斯公司任首席技术员。以后又在大学任教，研究无线电通信问题。

1900年，费森登在美国气象局研制用于天气预报的无线电发射装置，并对口语的传输产生浓厚兴趣，进而研制无线电话。无线电话和无线电报的传输有不同之处，前者需要使用连续而稳定的调频电磁波，这需要研制出调频信号发生器。

1900年，费森登虽然首次利用无线电将声音传递出去，但在发射中使用的整流子却不够理想。为了改进发射装置，费森登辞去在气象局的职务，专门开展研究工

莫尔斯和他的电报机

费森登和他的无线电话

作，集中改进作为发射机使用的高频发电机。他的这一工作得到了两位实业家的资助。1907年，由费森登改进的发射机在150千米范围内发射声频信号获得成功。

在费森登着力研制高频发电机的同时，通用电气公司的亚利山大也进行着同一工作。不过他和费森登对改进发电机使用的材料不同，费森登成功之后，他还继续研究，终于制成比较完善的高频发电机。此后，他又发明了磁性放大器、电子放大器和非调谐天线，大大提高了发射机的效率。

1902年，费森登组织了国家电气信号公司，他指导亚利山大建造了5万赫的振荡器，这种调频发射器使无线电话有了实现的可能，他们立即着手在布兰特·罗克兰建了调频信号发射台。

1906年12月24日，在几百千米外的诺福克的无线报务员收到了来自布兰特·罗克兰的讲话声音和音乐，这就是世界上最早的用电磁波传送的音响。

1918年，具有电子信号放大功能的电子管被用于声音发射机和接收机中。接着德国的阿姆斯特朗完成了一项重要发明——超外差电路，并在美国取得专利权，这使声音的传输更加方便。

1919年，美国建立了世界上第一座广播电台——匹兹堡KDK电台，正式开始了无线电广播。

进入20世纪20年代以后，许多科学家开始研究利用短波进行无线电广播。马可尼和英国的富兰克林都投身于这一研究中。

1921年12月，发明家们成功地用200米波长的电磁波从美国向英国进行了试验广播。1924年，美国对南美的短波广播开通，发射机采用的波长为100米。1934年，中英国际电台开始工作，第二年7月，中国和美、法、意、德等国的无线电话正式开通。

1945年，英国的克拉克首次提出了利用卫星进行无线电通信的设想，1962年，这一想法首先在美国得以实现。从此，人类开始进入卫星通信的新时期。

电子管

——受到审判的玻璃管

无知不仅带来愚昧和落后，也往往造成一些荒唐的错误。1906年，在美国纽约发生了一件因技术发明而受到审判的怪事。

这年春天，法院开庭审判一个面色憔悴、衣衫褴褛的青年，他的名字叫德福雷斯特。法官手中举着一个里面装有金属网的玻璃管，宣布有人控告德福雷斯特用这个莫名其妙的玻璃管行骗。德福雷斯特极力辩解，说这个玻璃管是他的发明，它可以用来放大来自大西洋彼岸的无线电波。

美国发明家德福雷斯特

这场奇特的审理虽然持续时间很短，但却闹得满城风雨，后来的事实证明，这个受到审判的玻璃管竟是20世纪初期一项伟大的发明。德福雷斯特就是电子管的发明者。

德福雷斯特1873年生于美国的伊利诺斯城，他的父亲是一所黑人学校的校长。由于反对歧视黑人，德福雷斯特一家人也被其他白人疏远，这使小德福雷斯特的童年在狭窄的天地里度过，性格孤僻，实际知识也较少。中学时学习平平，但他特别喜欢各种机器，一有时间就和机器打交道。

1893年，在芝加哥举行的世界博览会给德福雷斯特发明的梦想以启迪。当时，直流电刚发现不久，交流电对人们来说还相当陌生。可芝加哥世界博览会上9万盏以交流电为动力的五颜六色的电灯大放光明，交流电机的研制者是南斯拉夫的青年电学家台思拉。德福雷斯特面对光彩夺目的灯的海洋，陶醉了。当时，他还是一个刚刚进入耶鲁大学谢菲尔德理学院的学生。他想，他要以台思拉为榜样，投身于科学发明的事业中去。

德福雷斯特渴望给发明家台思拉当助手，可是一直没有机会，但却结识了无线电发明家马可尼。

19世纪的最后一年，意大利发明家马可尼成功地实现了跨越英法海峡的无线电通信，使无线电成为影响人类现实生活的一项重大发明。1899年的秋天，美国举行了一次大规模的快艇比赛，比赛在海上进行。怎样把比赛的消息传给岸上的观众呢？马可尼被邀请到美国进行报道工作。马可尼在船上用无线电向岸上发回了5000多字的报道，并在军舰上进行了无线电发报表演。美国人对马可尼十分崇敬，要求他的表演能在岸上进行，马可尼答应了这一要求。当马可尼要在岸上进行无线电发报表演的消息公布以后，刚从大学毕业、立志要为科学事业献身的德福雷斯特欣喜若狂。表演那天的一大早德福雷斯特就来到海岸码头上等待。当马可尼表演时，德福雷斯特挤到前面，望着电台出神。马可尼由于和一位舰长谈话，没有马上注意到这位好学的青年。马可尼的助手注意到这位青年的神态，就主动打开电台盖子让他看个究竟。

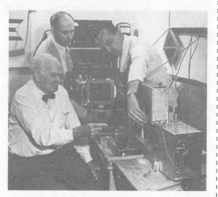
德福雷斯特仔细观看电台的各种零件，他的目光久久地停在一个装有银灰色粉末的小玻璃管上。他突然问道："这大概就是金属检波器吧？"这句话惊动了正在谈话的马克尼，他转过身来很有兴趣地打量着德福雷斯特。德福雷斯特又惊又喜，伸出手去和马可尼握手，并自我介绍说："我是李·德福雷斯特，也是无线电业余爱好者。"

两位有志青年就这样相识了。德福雷斯特向马可尼请教了一些有关无线电方面的技术问题，马可尼都一一作答。当德福雷斯特谈到自己有志发明，但还没有找到合适的题目时，马可尼说他本人正在研究改进收音机的灵敏度，并指了指发报机里的玻璃管说："这就是你所说的金属屑检波器，它很需要用一种灵敏度更高的器件来替代。"马可尼的一席话，在德福雷斯特心中留下了深刻的印象。这等于给德福雷斯特指出了一个发明的方向。几天后，马可尼离开美国回国，他不曾想到，他在美国播卜了发明的种子。

在得到马可尼指点不久，德福雷斯特便辞去了芝加哥西方电气公司的研究工作，在纽约泰晤士街租了一间小屋，全力投入改进检波器的研究中去了。

这是19世纪最后一个冬天，天气异常寒冷。由于德福雷斯特没有正常收入，也没有财团资助，他的研究工作只能在艰苦的环境中艰难地进行。德福雷斯特节衣缩食，只能购得一些简易的器材。他买不起耳机，只好一手拿着单耳听筒，另一只手高举检波器。为了购买实验设备，德福雷斯特经常利用白天时间充当富豪人家的家庭教师，利用夜里时间进行发明活动。搞科学发明绝非探囊取物，时过一年，时代的车轮已经进入20世纪，可他的发明还没有什么进展。

困难和挫折并没有使德福雷斯特丧失信心，各种实验在继续进行。

1900年冬天的一个夜晚，寒风呼啸，德福雷斯特的破旧小屋难以抵挡寒风的侵袭，加上衣裤单薄，他冻得直发抖。但他的实验仍在煤气灯下继续进行着。他的发射机很简单：一个按键、两个自制的电瓶，还有一个粗线圈。当他按动电键时，线圈接通电源，发出火花，辐射出电磁波信号。

德福雷斯特忘记了寒冷和劳

电子管优缺点

由于电子管具有体积大、功耗大、发热严重、寿命短、电源利用效率低、结构脆弱，而且需要高压电源带动等缺点，现在它的绝大部分用途已经基本被晶体管所取代。但是电子管负载能力强、线性性能好，在高频大功率领域的工作特性要比晶体管更好，所以仍然在一些地方继续发挥着不可替代的作用。

累，坚持着自己的实验。他一面按着电键，一面观察检波器的反应。当他挥动电键时，突然感到头顶的灯光在一明一暗地闪烁。最初，他以为是窗外刮来的寒风引起的。再一观察，发现灯光的明暗变化很有节奏，和电键的按动直接有关：按动电键，线圈发出火花，煤气灯变暗；松开电键，煤气灯立即变亮。这个现象何等奇妙！德福雷斯特反复实验，灯光重复着这一变化。"能不能利用这一现象进行无线电检波呢？"他萌生了这一念头。

用火焰来对无线电进行检波，理论上是可以的，但实际上却难以实现。在每台接收机里都装上火焰装置，是很不方便的，检波效果也不好，德福雷斯特放弃了这种方法，但却从中得到了启发：既然火焰能够起到无线电的检波作用，那白炽灯的灯丝不也同样能做到这一点吗？于是，德福雷斯特想到用灯丝来进行检波，这一想法，使他朝着发明三极管的方向前进了一大步。

当德福雷斯特准备用真空玻璃管进行检波时，传来了英国一位发明家弗莱明发明了真空二极管的消息，用它对无线电进行检波，收到了良好的效果。德福雷斯特急不可耐地找到刊登这一发明的刊物，仔细进行阅读。他激动不已，一方面为弗莱明的成功感到兴奋，另一方面也为自己多年为之奋斗的事业被别人捷足先登深感沮丧。百感交集，复杂的心情使这位青年人一时茫然不知所措。

英国发明家弗莱明

在自己破旧的小屋里，德福雷斯特陷入苦思冥想之中："我现在该怎么办呢？"他扪心自问，许多往事涌上心头。

他首先想到的是中学时一位老师讲过的故事。绘图艺术大师达·芬奇曾经在画师莫鲁乔门下学画。一次莫鲁乔在自己画的《约翰为基督施洗礼》图画中让达·芬奇画一个陪衬的天使，结果天使画得比莫鲁乔本人画得还好。莫鲁乔看到弟子强过自己，便在虚荣心的驱使下，搁下画笔，改去搞雕刻了。

"难道我也要像莫鲁乔一样，看到别人超过自己就放弃为之奋斗的事业吗？"德福雷斯特责问自己，他又想起了马可尼对他的鼓舞。经过激烈的思想斗争，他决定继续沿着发明的道路走下去。

不久，在一位灯泡厂技师的帮助下，德福雷斯特制作了几个真空管，灯丝为白金丝，灯丝附近装有金属屏，两极之间加有小电容。用它代替老式的金属屑检波器，效果很好。这样的玻璃管虽然检波效果很好，但和弗莱明的发明基本上没有区别，这使德福雷斯特很不甘心。

国产电子管收音机

"真空管只可以检波，但不能放大电波，经过改进，能不能对电波起到放大作用呢？"

这一偶然的想法，促使德福雷斯特对真空管进行改进！他在管子两极之间加上了第三电极，这个不起眼的电极是一片不大的锡箔，位于灯丝和屏极之间。加入这一电极之后，一个奇特的现象出现了：当在第三极上施加一个不大的电信号时，可以改变屏极电流的大小，而且改变的规律同施加信号的大小一致。德福雷斯特立即意识到一个了不起的发现：这个后加入的第三电极对屏极电流起到了控制作用，适当控制屏极电流，就可以起到放大信号的作用。这个发现，是多少年来发明家们渴望实现的。德福雷斯特预感到这个加入第三极的真空管，是一项改变无线电世界的了不起的发明。

德福雷斯特对自己的发明不动声色，默默地继续进行试验。为了提高控制的灵敏度，他多次改变充当第三电极的小锡箔在两个电极之间的位置，取得了不同的放大信号的效果。

接着，德福雷斯特又用扭成网状的白金丝代替小锡箔，封装在玻璃管的灯丝和屏极之间，形成一个网栅，德福雷斯特称它为"栅极"。因为这个"极"好像一个灵敏的控制闸，按着施加信号的变化，改变着屏极电流大小，由于屏极电流比栅极电流大得多，微小电信号经过真空三极管就放大了，这个真空三极管通常被称为"电子管"。它是20世纪初的一项重大发明。

新生事物被人们承认经常要经过曲折和艰难的历程，许多科学发明也往往如此。电子管被人们接受就经历了不少磨难。

德福雷斯特发明三极真空管以后，需要继续做进一步的实验。由于没有资金，他就带着自己的发明去找几家大公司，企图说服老板为他的发明投资。由于他衣帽不整，连续被两家公司门卫视为流浪汉，不准他进入。德福雷斯特只好拿出自己的发明，详细讲述这个玻璃管的作用和应用前景。门卫一看这个青年人把一个平常的玻璃管吹得神乎其神，更加怀疑他的身份，赶紧把经理找来。经理到来时，德福雷斯特正在大声说："这个小玻璃管可以把电信号放大很多倍。"经理一听，断定这个人肯定是个骗子，便叫几个人把他扭送到警察局去，这件事发生在1906年。

当德福雷斯特在法庭被控告"行骗"时，这位青年发明家并没有畏惧，他利用法庭的讲坛大力宣传自己的发明。由于"行骗"罪没有任何根据，发明家被宣布无罪。1906年6月26日德福雷斯特发明的真空三极管获得了美国当局授予的专利权，这一天也被定为电子管的发明日。

刚刚发明的电子管，显示了广泛的应用前景，但还有一个致命弱点：由于难以抽成真空，使用寿命不长。到1910年，德国科学家发明了真空泵，可以把电子管抽成高度真空，大大提高了使用寿命。电子管的使用，推动了无线电技术的蓬勃发展，无线电通信、无线电话、广播电视、电子计算机都广泛使用了电子管，电子管被称为无线电的心脏。

电子管的发明者德福雷斯特为人类做出了巨大的贡献。他在清贫、曲折、为科学奋斗的一生中没有获得崇高的荣誉，甚至连诺贝尔奖金都没有获得，但他给人类的恩惠却被人们永记心中。1961年，享年88岁的德福雷斯特在加利福尼亚去世。他被尊称为美国电子工业的创始人。

晶体管

——半导体材料的"骄子"

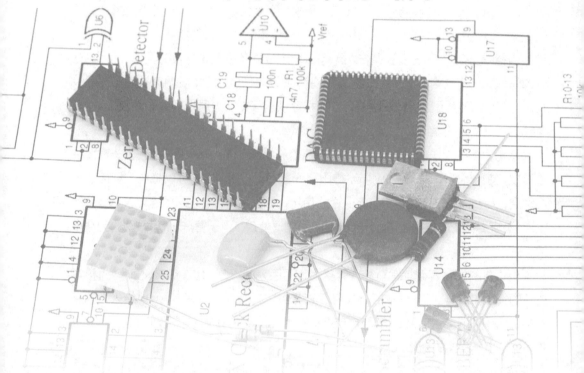

自从1904年发明电子管以后，电子工业开始得以迅速发展。作为标准的电子放大器件，电子管在各种无线电设备中占统治地位达40年之久。进入20世纪40年代以后，由于电子工业的深入发展，对电子设备的要求越来越高，电子管的缺点也日渐突出，其中主要是体积大、耗电多和容易破损。以电子计算机为例加以说明。

1946年问世的第一台电子计算机，代表着电子技术的最高水平，它的主要元件是18000只电子管，占地达170平方米，耗电量达150千瓦。由于体积庞大、电子管容易碎，移

世界上第一台电子计算机ENIAC

动和使用都十分不方便。这台计算机的速度仅有每秒钟5000次，还远不如现在由一本书大小的集成电路组成的超小型电脑的速度快。在当时，要制造性能更复杂、速度更快的计算机或其他电子设备，主要障碍就是电子管。

ENIAC的两位缔造者莫奇里和艾凯特

20世纪40年代的不少技术专家都看到了这一点，分别寻求解决的办法，走在前列的是美国贝尔研究所的几位专家。

贝尔研究所是美国研究和发展公司研究所，也称贝尔电话实验室。它组建于1925年，总部设在新泽西州。这个研究所的副所长凯利是位电子专家。早在20世纪30年代，他就看出了电子管的许多缺陷，他认为，要想发展通信事业，必须寻求一个能够替代电子管的新电子器件。

1945年春的一天，凯利在办公室里和肖克莱探讨起关于新的电子放大器件的问题，他们的意见是一致的。

肖克莱是贝尔研究所的一位固体物理学家。他生于1910年，1936年进入贝尔研究所，第二次世界大战期间担任美国反潜战运筹学研究主任，是一位造诣颇深的固体物理专家。

当凯利谈到需要发明一种新的电子器件来替代电子管时，肖克莱说："我同意你的看法，世界上许多国家都在进行一种新的研究工作，那就是研究半导体材料。"

"你认为朝哪个方向努力才有获得成功的希望呢？"凯利问。

肖克莱信心十足地回答："我建议，我们马上开展半导体材料的研究。"

当时，半导体材料已被用来制造电子器件，它的单向导电性已被用作制造二极管，在电子电路中起到类似二极玻璃管的检波和开关作用。这种奇特的晶体物质，是否也可以用来制作放大器件呢？对此，肖克莱充满信心。

凯利立即采纳了肖克莱的建议，作出了加强半导体物理研究的关键性决定。

1945年下半年，贝尔研究所成立了以肖克莱、巴丁和布拉顿为核心的半导体物理研究小组，肖克莱自任组长。

巴丁生于1908年，1936年获得普林斯顿大学数学和物理学的博士学位。第二次

巴丁　　　　　　肖克莱　　　　　　布拉顿

世界大战期间曾担任美国海军机械实验首席物理专家。战后来到贝尔研究所，从事物理研究。他是迄今为止唯一一个两次荣获诺贝尔物理学奖的杰出科学家（居里夫人的另一次获奖是化学奖）。

布拉顿生于1902年，他是美国著名物理学家，于1929年加入贝尔研究所从事固体表面性和表面原子结构研究。他曾获得许多专利，并有许多关于固体物理的著作出版。

以三位著名物理学家为核心配备其他技术人员组成的肖克莱小组刚一成立，就探讨并确定了主攻方向。他们认为，不必急急忙忙开展半导体放大器的研制，而首先要研究半导体的导电性能，以便打下理论基础，踏踏实实、一步一步地走向最终目标。

研究小组选定半导体材料锗和硅作为研究对象。在研究中发现，半导体在室温下传导电流的能力低于金属。在纯半导体中，由于电子不能在固体中自由运动，因而是电的不良导体，掺入适当杂质原子就变成了外赋半导体。杂质原子提供了自由运动的电子，使材料变成为良导体。研究小组希望找到控制半导体里电子流动的方法。

能不能利用半导体将电流放大呢？在电子管中，德福雷斯特在二极管中加入第三个电极，制成了三极管。而半导体二极管能不能改进成具有电流放大作用的三极管呢？

由于半导体晶体的微量杂质对其导电性具有极大的影响，控制半导体内部电子运动是十分困难的事情。在研究难以继续深入下去时，肖克莱提出了"场效应"的设想：把半导体材料做成极薄的一层，当厚度同表面空间电荷层相近时，可用表面电场来控制薄层的电阻

贝尔研究所半导体物理研究小组的成员正在进行半导体电流放大实验

1959年12月18日，第一台晶体管计算机——IBM7090，由美国国际商业机器公司制造成功。

率，从而控制电流。

　　根据这一理论，小组成员展开了实验工作。一次，布拉顿和助手吉布在电解液里做测定半导体在光照下接触电动势变化的实验，突然发现了一个新奇现象：当改变半导体锗样品电极之间电压和方向时，光生电动势的大小和极性也发生了变化。他们反复实验几次，并记下了宝贵的结论。消息传出，实验小组欢欣鼓舞。大家认定，这就是肖克莱所预言的"场效应"。

　　巴丁博士专门画了一张半导体放大装置的设计图，建议布拉顿进行实验。第二天，巴丁拿出了实验的具体方案。布拉顿看了看设计图和实施方案，就立即和博士一起来到了实验室。

　　他们用一根封有绝缘蜡层的金属针去接触表面处理成n型的硅片，接触点的地方用一滴水做电解液，水流中插进一个金属制细环。按设计图，这实际上等于一个控制极。他们经过十分细心的实验发现：流向金属针的电流，与加在水滴和硅片之间的电压有关。这实际上就等于通过控制电压获得了功率放大。

71

晶体管取代电子管，使计算机体积减小、寿命增加、价格降低，为其广泛应用创造了条件。

这可喜的第一步鼓励科学家们继续前进。可当他们对n型锗片进行实验时，并没有取得预期的结果，这不免使研究小组的成员失望。但他们并没有放弃实验，而是认真分析不成功的原因，重新制订方案，继续实验。

下一步实验是这样的：在锗晶体表面层接两根极细的金属针，一根固定，另一根是加上负电压的探针。当探针同固定金属针十分接近时，通过流过探针的微小电流变化就可以控制流达固定针的电流变化，而且电流被放大许多倍。

这个实验结果令人鼓舞，因为它正是研究小组希望得到的结果。根据实验结构特点，这个实验装置被称为点接触型晶体管。这个实验是1947年12月23日完成的，这一天被定为晶体管的发明日。

第二年6月，即1948年6月，巴丁和布拉顿公布了晶体管的发明消息。这标志着人类开始进入了微电子时代。美国贝尔研究所立即成为全世界科学家瞩目的科学研究中心。晶体管的发明，使巴丁、布拉顿和肖克莱于1956年获得了世界科学的最高奖赏——诺贝尔奖。

刚刚出现的晶体管有待于改进和完善。1949年，肖克莱提出了能够制造一种性能更好的晶体管的理论。即在一个晶体管中制作两个p-n结，比如两头是n型区，中间是薄薄的p型区，这就形成了作用不同的p-n结，一个是发射结，一个是集电结。两头相应n型区便是发射极和集电集，中间的p型区则是基极。只要控制基极的电荷流动，就能实现对电流的放大作用。肖克莱的这个理论于1950年变成现实，贝尔研究所制成了p-n结型晶体管,使晶体管性能提高,并开始大批量生产。

晶体管作为电子电路的电流放大元件,不仅可以完成电子管的大部分功能,而且具有尺寸小、重量轻、坚固耐用等优点,彻底改变了电子电路的结构,使制造高速电子计算机等复杂的电子设备成为可能。为了推广20世纪40年代的这一伟大发明,贝尔研究所接连举行了一系列推广普及活动。

1951年上半年,贝尔研究所首先召开工商界人士座谈会,介绍晶体管发明过程和研究成果。下半年,举行了技术讲座,由巴丁博士向企业代表、大专院校师生和研究部门讲解晶体管特性及其应用。1952年的春天,贝尔研究所又召开了一次国际性技术讨论会,详细介绍了晶体管原理和工艺过程。这一系列活动,对于推动半导体器件的生产和应用起到巨大作用。

从20世纪50年代开始,晶体管——半导体材料的"骄子"便和人类的文明结下了不解之缘。贝尔研究所三位科学家的这一重大发明,推动了人类社会的进步,他们的功劳被永远载入史册。

链接 **Links**

晶体管计算机发展历程

1955年,美国在阿特拉斯洲际导弹上装备了以晶体管为主要元件的小型计算机。10年以后,在美国生产的同一种型号的导弹中,由于计算机改用集成电路元件,重量只有原来的1/100,体积与功耗减小到原来的1/300。

1958年,美国的IBM公司制成了第一台全部使用晶体管的计算机RCA501型。由于第二代计算机采用晶体管逻辑元件及快速磁芯存储器,计算速度从每秒几千次提高到几十万次,主存储器的存贮量从

几千提高到10万以上。1959年,IBM公司又生产出全部晶体管化的电子计算机IBM7090。

1958—1964年,晶体管电子计算机经历了大范围的发展过程。从印刷电路板到单元电路和随机存储器,从运算理论到程序设计语言,不断的革新使晶体管电子计算机日臻完善。

1961年,世界上最大的晶体管电子计算机ATLAS安装完毕。

1964年,中国制成了第一台全晶体管电子计算机441-B型。

电子计算机

——人类的第二大脑

在20世纪的重大发明中，被称为电脑的电子计算机当属佼佼者。电脑是人类高度智慧的结晶、时代文明的象征，它的发明、应用和普及，把人类带入了自动化时代。人们之所以把电脑称为"人类第二大脑"，是因为电脑部分地代替并扩展了人脑的功能。电子计算机是迄今为止最先进的计算工具和信息存贮、传递装置。

人类是怎样想到要发明电子计算机，又是怎样发明电子计算机的呢？让我们先来看看人类所使用的计算工具的变革吧！

在发明计算工具之前，原始人是靠手指来数数的。人们习惯于用十进制数来计算，也许是因为人的手有十个指头的缘故吧。为了计算十以上的数，我们的祖先只好借助手指以外的东西，诸如石子、木棍等等。后来固定一些木棍带在身上，需要时就拿出来算算，于是出现了算筹。算筹作为最古老的计算工具大约始于我国的商周时代。1500多年以前，我国伟大数学家祖冲之，就是用算筹把π值计算到小数点之后的第七位的。

继算筹之后出现的另一种计算工具是算盘，这是用算珠代表数字进行计算的工具，所以称为珠算。珠算比算筹具有更多的优越性，它是我国古代劳动人民的又一发明，从汉代起就得到广泛使用。珠算轻巧灵活、容易学习、使用方便、造价低廉、不需能源，是深受欢迎的计算工具。

为了适应较为复杂的计算，从17世纪开始，研制和发明计算机器的活动在欧美大陆此起彼伏。1623年，法国人什卡尔特在写给著名天文学家开普勒的信中介绍了他的计算机器设计思路。他设计的计算机是一台机械装置，由加法器、乘法器和记录中间结果的装置三部分组成。

什卡尔特虽然最先提出了计算机的设计思想，但由于他并没有制成样机，所以什卡尔特不是世界上第一个发明计算机的人。机械式计算机的发明者是法国数学家帕斯卡。帕斯卡的父亲是一位税务官员，父亲整天进行繁重的计算工作促使帕斯卡

法国数学家帕斯卡和他发明的世界上第一台机械式加法计算器

决心发明一种计算机器，代替繁杂的计算劳动。经过几年的刻苦钻研，帕斯卡于1642年设计制造出一种"算术机器"。这个机器外表像一个黄铜盒子，里面是齿轮传动装置，它可以进行简单的加法计算。尽管帕斯卡的"算术机器"不能进行复杂的运算，但却提出并尝试了一种革命思想：用纯粹的机械装置来取代人的记忆和运算，为减轻人的脑力劳动迈出了可喜的一步。

帕斯卡的算术机器出现以后，加减计算可以交给机器去干了。它能不能进行更复杂的运算呢？欧洲的科学家们为了改进算术机器进行着不懈的努力。为了研制功能更齐全的计算机器，数学家莱布尼兹从德国迁居巴黎，在机械专家的帮助下于17世纪后期设计制造出能进行四则运算的计算机，这台机器被称为"演算器"。

莱布尼兹的演算器是一个长1米、宽和高各为0.3米的"盒子"，机芯由不动的计数器和可动的定位装置两大部分组成。可动部分用圆盘上的指针确定数字，用手操柄带动圆盘转动进行计算，通过齿轮进行传动。莱布尼兹因为发明手摇式计算机被选为巴黎科学院院士和英国皇家学会会员。

17世纪末发明的乘法计算机

为了使计算机跳出四则运算的范围，发明家们纷纷设想在计算机的机械装置中增加程序设计的装置，以扩大机械计算机的应用范围和自动化程度。英国数学家拜比吉是这方面的先驱者。

拜比吉在剑桥大学读书时，就发现1760年编制的航海表有很多错误。但是，要想编制一个准确无误的航海表困难很大，需要进行大量复杂的数字运算，很难做到不出错。拜比吉想：能不能把大量的计算任务交给机器呢？当时，计算机只有莱布尼兹的演算器和帕斯卡的算术机器，它们只能进行四则运算，而且都不能进行自动计算，因此无法承担编制航海表的大量计算任务。

拜比吉想设计出可以利用多项式的数值差分规律得出多项式数值表的计算机器——"差分机"。他设计的模型于1822年问世，这种机器有3个寄存器，每个寄存器

1822年拜比吉研制的差分机

是一根带有6个字轮的垂直轴，每个字轮代表十进制数字的一位数。这种差分机的计算能力并不强，但它可以根据操作者事先安排好的程序自动进行运算。这比起以前的演算器又是一个很大的进步。

但是，由于制造这种自动机器耗资巨大，英国当局不予资助，制造可以实际使用的差分机计划没有实现。

拜比吉并没有因制造差分机的计划不能实现而丧失信心，他放弃了差分机而迈向一个新的高度，开始研制一种由一个机械装置控制整个机器进行数字运算的计算机，他把这种计算机称为分析机，这就是通用数字计算机的雏形。设计中的分析机是一台机械自动装置，主要由三部分组成：一部分是齿轮式寄存器，大体上可保存100个数字信息；另一部分是运算装置，由齿轮、齿条和各种轴组成；还有一部分是控制操作顺序的装置。拜比吉的设计思想十分先进，可惜由于缺少当局支持和资金缺乏，没有获得最后成功。

18世纪中期，美国大发明家富兰克林揭开了电学研究的序幕。19世纪中叶，英国伟大的物理学家法拉第创立了电磁理论。把电用于计算机，使计算机器出现了第一次革命——由机械装置迈入电器装置。这次革命的开路先锋是德国人米斯、美国人艾肯及史蒂比兹。

从1934年起，年仅24岁的德国工程师米斯就致力于计算机的研制。由于他的经济条件不佳，买不起那么多电器元件，他就把自己家中电器设备上的元件拆下来装备自己设计的计算机。米斯的第一台计算机Z-1于1938年问世。机中虽有一些电器元件，但仍以机械装置为主，运算速度慢、可靠性差。

为了改进机器，米斯决定全部采用继电器作为开关元件，并于1941年制造出全部用继电器做开关元件的Z-3计算机，这台机器采用二进制运算，可以进

1941年研制的Z-3型计算机

计算机的发展历程

1.电子管时代

计算机的第一代为电子管时代，时间大约从1946年至1955年。当时的电子计算机采用电子管作为基本的电子元件，体积大、功耗大、价格昂贵，而且可靠性不高、维修复杂，运行速度仅为每秒执行加法运算1000次到10000次。程序设计使用机器语言和符号语言。代表机型是ENIAC，它是人类历史上第一台计算机。

2.晶体管时代

第二代为晶体管时代，时间大约从1956年至1961年。这一时期的电子计算机采用晶体管作为基本电子元件。机器的体积减小、功耗减少、可靠性增强、价格降低、运算速度加快，每秒可执行加法运算达10万次到100万次。程序设计主要使用高级语言。1958年IBM 1401是第二代计算机中的代表。

3.集成电路时代

第三代为集成电路时代，时间大约从1962年至1969年。这时的电子计算机采用中、小规模集成电路作为基本电子元件，不仅大大缩短了电子线路，减小了体积和重量，而且大大减少了功耗，增强了可靠性，节约了信息传递的时间，提高了运算速度，达到每秒可执行加法运算100万次到1000万次，出现了操作系统，程序设计主要使用高级语言。1964年IBM S/360是这一时代最成功的机型之一，具有极强的通用性。

4.大规模、超大规模集成电路时代

第四代为大规模、超大规模集成电路时代，时间从1970年至今。由于集成技术的发展，半导体芯片的集成度更高，从而出现了微处理器，并且可以用微处理器和大规模、超大规模集成电路组装成微型计算机，即我们常说的微电脑或PC机。微型计算机体积小、使用方便、价格便宜，但它的功能和运算速度已经达到甚至超过了过去的大型计算机。1970年IBM S/370是计算机更新换代的重要产品，采用大规模集成电路代替磁芯存储。1975年4月MITS制造的Altair 8800带有1KB存储器，它是世界上第一台微型计算机。

行程序控制，这就是在电子计算机出现之前，世界上发明最早的机电式计算机。

在米斯发明机电式计算机的同一时期，美国商业机器公司的艾肯和贝尔电话公司的史蒂比兹，也设计制造出以继电器为开关元件的机电式计算机。

1939—1941年，美国衣阿华州立大学首次试图将电子元件用于计算机，这项工作因第二次世界大战而中断。1941年1月15日，《得梅因论坛报》发表了关于正在研制的电子计算机的简讯，简讯称：衣阿华州立大学阿塔那索夫博士正在研制电子计算机，

机器包括300多只真空管，占地面积相当于一间大办公室，用于求解复杂的代数方程式。到1941年12月，这台机器的主要部件都已做成，但因美国参加第二次世界大战，研制工作被迫中止。

世界上第一台研制成功的电子计算机被命名为"ENIAC"，它是为了计算导弹弹道轨迹而研制的。

第二次世界大战当中，美国宾夕法尼亚大学莫尔学院和阿伯丁导弹研究所共同承担了每天向海军提供6张"火力表"的任务，每张火力表都要计算800条导弹弹道。人工计算在空中飞行一分钟的一条导弹弹道，一个熟练的计算员要花费几天时间，一

世界上第一台电子计算机ENIAC

根据不同的运算需要，人工进行电缆插接

张火力表要200多人花几个月时间才能算出。这种现状无法适应军事需要，必须尽快研制出新型计算机。

在宾夕法尼亚大学工作的物理学家莫奇里于1942年8月提出ENIAC计算机设计方案，半年后引起美国弹道研究实验室兴趣，1943年3月决定对ENIAC方案进行研制工作。

莫奇里和艾凯特

研制小组的骨干成员有三人：30岁的莫奇里负责总体设计；24岁的研究生艾凯特担任总工程师；年轻的中尉军官格尔斯坦不仅具有数字天才，还富有组织才能，他负责组织协调工作。他们年富力强、志同道合、勤奋刻苦、密切合作。在他们的领导下，有30位工程师和数学家、200位工作人员参加制造工作，经过近两年的努力，花费40万美元，于1945年制成了电子计算

机ENIAC，这就是世界上第一台电子计算机。

ENIAC是一个庞然大物，占地170平方米，使用了18000只电子管，功率150千瓦，运算速度每秒钟做加法5000次，采用十进制进行计算。1946年2月15日，举行了ENIAC计算机竣工典礼，并进行了计算表演。1947年，它被运到阿伯丁的弹道研究室投入实地运行，担任复杂的计算工作。

ENIAC的问世使电子计算机作为20世纪以来最伟大的发明之一，使人类迈入了电脑时代。但是，ENIAC采用十进制进行运算，比较复杂，且不能自动执行运算程序，必须进行重大改革才能推广使用。这台机器刚刚竣工，研制组的成员就因为发明权纠纷陷于分裂，迟迟得不到发明专利。所以ENIAC研制组的三名科学家虽然对电子计算机发明做出了重大贡献，但不能称之为电子计算机的发明人。

对ENIAC计算机进行重大改革并提出完整的电子计算机理论的科学家是美籍匈牙利数学家冯·诺伊曼，他是电子计算机的真正发明人。

出生在匈牙利，后来到美国定居的著名数学家冯·诺伊曼在第二次世界大战期间是阿拉莫斯研究所研制原子弹计划的顾问，在研究冲击波相互作用的过程中，遇到十分复杂的数学计算，他感到有必要用机器取代手工计算。于是他和在普林斯顿学院的同事戈德斯坦、布鲁克斯一起探讨电子计算机的理论和结构。1945年11月冯·诺伊曼发表了一篇《关于电子计算机结构问题意见》的报告。1946年6月冯·诺伊曼和他的两位同事共同发表了《关于电子计算装备逻辑结构初步探讨》的报告，广泛而具体地介绍了电子计算机的制造和程序设计方面的新思想。其主要内容有以下三方面：

一是电子计算机由控制器、计算器、存贮器、输入设备、输出设备五大部分组成。

二是电子计算机采用二进制数进行运算。

三是电子计算机能够自己执行计算程序。

这三点正是现代电子计算机必不可少的最基本的主要特性。

冯·诺伊曼把二进制数用于了电子计算机是电子计算机得以广泛应用和发展的关键。他指出：计算机

冯·诺伊曼

的主要存贮部件按其性质来说最适于二进制数，触发器也是二进制设备。磁性的两种状态、脉冲的有无和电平的高低，都可以直接用二进制表示。无论是运算还是逻辑功能都可以用0与1两个数字表示。采用二进制数的电

第二代计算机的体积大大减小

子计算机可减少设备数量和简化机器逻辑线路，而且可以用逻辑代数的办法来分析和综合计算机线路以减轻机器设计工作。他的这一思想，构成了电子计算机的理论基础。

二战结束以后，冯·诺伊曼去普林斯顿研究所工作，指导由他设计的诺伊曼电子计算机的制造工作，并于1950年制成具有实用价值的二进制控制电子计算机。冯·诺伊曼被称为现代计算机之父。

1948年6月，被称为电子王国的"骄子"的晶体管问世。这种新型电子元件取代电子管作为开关元件被用于电子计算机以后，电子计算机出现了3个显著变化：运算速度大大加快、机器体积大大缩小、机器可靠性成倍增加，这是第二代电子计算机。它的运算速度可达到每秒钟几十万次，所配备的软件也从单纯的机器语言的手编程序发展到汇编程序，外围设备也多达十几种之多。

从20世纪60年代中期起，集成电路被用于电子计算机的逻辑电路中，使计算机的体积更为缩小，而速度进一步提高，达到每秒钟运算几百万次。在软件配备上，出现了独立于计算机之外的高级语言。同时，电脑的应用也更加广泛了。

1976年，在一平方厘米的基片上集中了上万个晶体管单元电路的大规模集成电路问世了。大规模集成电路用于电子计算机，使电子计算机开始进入了第四代。这使电子计算机的体积和耗电量更加缩小、可靠性更高，并且由于造价低廉，电子计算机迅速得到普及，并出现了微型电脑。这样电子计算机从少数人手中解放出来，开始闯入千家万户，和社会生产、人民生活、科技进步紧密联系了起来。

目前，电子计算机正以异乎寻常的速度发展，除了继续向微型化、巨型化和电脑网络方面发展以外，还将出现速度超过万亿次的光电子计算机、用生物蛋白质做材

料的生物电脑和功能上向人脑智能逼近的智能电脑。未来的电子计算机将会进一步取代人脑，成为人的忠实"仆人"和可靠工具。

计算机网络的兴起则是电脑问世以来最伟大的功劳，它的发展把全世界紧紧地连在一起。世界电脑互联网的鼻祖是1969年在美国国防系统建立的"阿帕网"。当时它把加利福尼亚大学和斯坦福研究院等几个不同地域的资料用计算机网络连在一起。1973年阿帕网联系了40多个终端，达到异地资源共享的目的。到了20世纪80年代末，加入阿帕网的电脑达到30多万台，全美有三条电脑互联网。

1991年瑞士科学家伯纳斯·李发明了网上交流文本的方式，创建了网上软件平台，使得文字、声音、图像一并被视为文本在网上传输。1974年美国人比尔·盖茨成立的从事计算机软件开发的"微软"公司和1977年由美国怪才沃兹尼亚克、乔布斯在一间废弃的车库里组装成的具有显示器、键盘和主机的多功能"苹果"电脑，促进了"因特网"的形成和发展。

这里不得不提出的是电脑网络的发展在给人类带来方便的同时，也给那些沉迷网络的人，特别是年轻人，带来了害处，应引起人们的警惕。

电子显微镜

——观察微观世界的"宝镜"

荷兰物理学家列文虎克

人类观察大自然最初只用肉眼，但是，肉眼的观察能力是有限的。不仅距离远的物体看不到，距离太近的微小物体也无法分辨。当两个物体距离不到0.1毫米时，人眼就看成一个物体了，这个视物的极限称为人眼的分辨本领，像普通细菌、机体的细胞，人都"视而不见"。怎样设法去看见这些物体或更小的物体呢？

很久以前，人类的祖先就发明了用普通玻璃制成的放大镜，至今人们还在用它阅读缩印本的图书。可是，一般放大镜的放大倍数很小，智慧的人类不得不研制放大倍数更大的光学仪器——显微镜。

世界上最早出现的显微镜是15世纪的单片透镜显微镜。荷兰物理学家列文虎克于17世纪制作的显微镜放大倍数达到300倍，并于1674年首次用来观察细菌，1784年科学家在显微镜下描述了血红细胞。

光学显微镜的发明是人类科学史上一次重大事件，它促使人类的研究领域由宏观进入微观，使生物学及其相应的科学得以迅速发展。

但是，光学显微镜在人类的科学研究领域中所起的作用是有限的，存在着许多缺点。首先是

列文虎克制造的显微镜

放大倍数还不够高，而且容易产生变形。比如一个小点，在光学显微镜下往往变成一圈圈的光环或表现为一个光斑。另外，由于光学衍射圆盘效应，当两个点特别近时，它们各自的圆盘会逐渐接近甚至重叠。早在100年前，德国著名的光学家阿贝就指出，不管科学家怎么努力，光学显微镜的最大放大倍数不能超过一个恒定的极限值——2000倍，这是因为光的波长影响着显微镜的分辨本领。

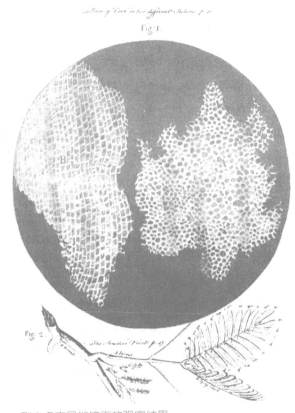

列文虎克显微镜下的观察结果

既然如此，能否使用波长更短的光作为光源来提高显微镜的分辨本领呢？

人们已经知道自然界存在一些波长比可见光波长更短的电磁波，如紫外线、X射线、α射线等。经过多年努力，20世纪初出现了紫外光显微镜和X射线显微镜，它们对微小物体的分辨本领的确高于普通显微镜。X射线的波长最短可达到0.5埃。能不能用比X射线波长更短的辐射波为光源制造更高级的显微镜呢？到了20世纪20年代，科学家们想到了电子。

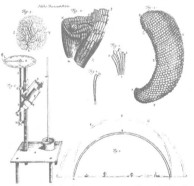

列文虎克关于甲壳虫眼睛的一封信中的插图

1924年，法国科学家布罗利证明了任何粒子在快速运动时，都伴有电磁波辐射，并计算出高速运动的电子波长约为0.05埃，是X射线波长的十分之一，是可见光中的绿光波长的十万分之一。如果用高速运动的电子作为光源制造显微镜，放大倍数和分辨率就可以大大提高。1938年，第一台实用的电子显微镜诞生，它是人类在20世纪的又一项重大发明。

20世纪20年代，一些科技工作者在从事高压阴极射线示波器的研究。1924年，德国的加博尔制造出一种短焦距、有汇聚能力的线圈。两年以后，一位德国科学家布施发现加博尔的线圈对电子能起到透镜作用，高速运动的电子在磁场的作用下会发生折射并能被聚焦，这一重要发现引起了科学界的重视。1928年，柏林技术大学成立了以克诺尔为首的研究小组，主要成员有鲁斯卡。

19世纪中期的显微镜　　20世纪初期的显微镜

恩斯特·鲁斯卡生于德国海德堡一个自然科学教授家庭，家中有一架高倍数的光学显微镜。儿童时的鲁斯卡比较顽皮，当他过分喧闹时，他父亲会把他叫进书房，罚他静坐一小时。这时，鲁斯卡发现，如果把精力集中在那架有镜子、透镜和黄铜的仪器上，时间就会很快过去。父亲有时满足他的好奇心，让他把眼睛凑近透镜，鲁斯卡对放大1000倍的自然景观惊叹不已。

随着年龄的增长，他对那架显微镜的功能提出一个又一个的问题：用它能看到原子吗？它的放大倍数还能增加吗？

父亲向他解释说，这是一架光学显微镜，由于是利用光线把形象传到眼睛里，所以无法分辨比光波的波长更短的东西。

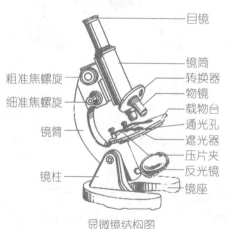

目镜

镜筒
转换器
物镜
载物台
通光孔
遮光器
压片夹
反光镜
镜座

粗准焦螺旋
细准焦螺旋

镜臂

镜柱

显微镜结构图

鲁斯卡从柏林技术大学机械工业系毕业后，对电子仪器的制作产生了浓厚的兴趣，他加入了克诺尔的研究小组，负责研究磁场的光学行为。

鲁斯卡制作了一架电子光学仪器，仪器的上部是冷阴极放电光源，电压高达7万伏。光源发出的电子束可以直射下面的物体，再被单个透镜聚焦到荧光屏上。在透镜与荧光屏之间有一滑动活塞，使透镜与物体及荧光

光学显微镜和电子显微镜的特点比较

特点	光学显微镜	电子显微镜
最高放大倍数	1000~1500	10万以上
最佳分辨率	0.2微米	0.5纳米
辐射源	可见光	电子束
辐射源通过的媒介	空气	高真空
透镜类型	玻璃	电磁体
反差来源	光吸收的差异或特定波长	电子散射
聚焦机械	机械调节透镜位置	调节电磁透镜的流向
改变放大倍数的方法	调换物镜或目镜	调节电磁透镜的流向
样品承载	载玻片	金属网（通常为铜网）

之间的距离任意改变，以便测量透镜的聚焦特征与放大能力。

鲁斯卡经过进一步的研究发现，经过电子光学放大12倍数得到的钼格象和用玻璃透镜放大同样倍数的象没有什么区别。这说明电子光学放大作用大有研究的必要。鲁斯卡与克诺尔共同商量，决定集中精力研究磁透镜的电子光学特征。

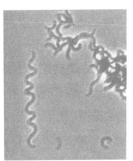

光合膜泡囊

拟核

两种显微镜下的不同观察结果（左图为光学显微镜，右图为电子显微镜）

从1930年11月起，柏林另一位科学家布吕切开始着重研究静电透镜的电子光学特性。这些研究成果为第一台电子显微镜的诞生奠定了理论基础。

1931年4月，鲁斯卡制成一台简单的电子光学放大仪器。这台仪器主要由两个磁透镜组成，对铂金网格放大倍数为17倍。这说明磁透镜和光学透镜相似，不仅对光束有折射、聚焦作用，且经过组合有放大作用。利用多个磁透镜可以得到逐级放大的电子图像，进一步证明了制成电子显微镜是可能的。

两年以后，鲁斯卡和克诺尔制成了一台电子光学装置，可以得到放大几十倍的电子光学图像，工作电压为75千伏。这台仪器的成功研制尽管是显微镜史上一个重要里程碑，但它有一个致命的缺点是损伤样品，难以记录真实图像。要想克服这一

恩斯特·鲁斯卡

缺点，必须进一步完善仪器性能，这不仅需要资金，也需要科研人员克服困难的精神。鲁斯卡把自己的全部精力都投入到这一工作中去，而克诺尔却把自己的兴趣和精力转向研究电视。

经过努力，鲁斯卡于1933年制成了一台电子显微镜。这台电子显微镜的分辨本领与当时最好的光学显微镜相当，放大倍数却达到12000倍，是光学显微镜放大倍数的6倍。但是一个根本问题——样品辐射损伤的问题，还没有最后解决。鲁斯卡只好采取一个应急措施：在镜内装一个旋转机械装置，一次装用几个样品，当一个样品因电子束辐射受到损坏时，通过旋转装置再换上另一个样品。

鲁斯卡的电子显微镜虽然在理论上有许多优越性，但因辐射损伤没有最后解决，还没有实际应用价值。进一步的改进需要大量资金，鲁斯卡费尽心机，多方奔走，仍得不到财团和企业主支持。出于无奈，这位对电子显微镜发明做出过重大贡献的发明家也只好和他的朋友一起去研究电视了。

20世纪30年代，各项技术发明层出不穷，电子显微镜的发明研制工作在许多国家相继展开。除了德国的克诺尔和鲁斯卡以外，比利时的马顿和英国的博尔希、马丁等人也积极进行着研制工作。

1931年底，马顿制成了一台磁式电子显微镜。他的显微镜不是以前的直立式，而是水平式，采用热灯丝作为电子光源。马顿通过对受检生物样品中电子可能发生的多次作用进行计算发现，改进仪器的设计除使其具有适合的工作条件外，还可以减少电子辐射造成的损伤，他认真观察了生物样品，并首次拍摄了植物切片电子图像。马顿从实验中发现，尽管大多数生物样品在电子辐射情况下会遭到破坏，但在一微米的距离上还是可以保存下相当多的细微组织结构的。这就意味着，电子辐射并没有把样品全部破坏，这使马顿增强了制造更完善的电子显微镜的决心。

不久，马顿在他的第一台电子显微镜的基础上成功地制成了第二台电子显微镜，工作电压为8万伏。它的特点是加上了样品气锁装置，可以在真空状态下进行镜内拍照。马顿通过在这台显微镜下观察各种生物样品得到了如下结论：电子显微镜的分辨率好于光学显微镜，并且电子辐射引起的物件损伤并不是不可克服的。

1936年，英国的博尔希通过实验证实了阿贝关于光学显微镜成像过程的理论，从而证明了电子显微镜照明光源问题是理想的。接着马丁在英国皇

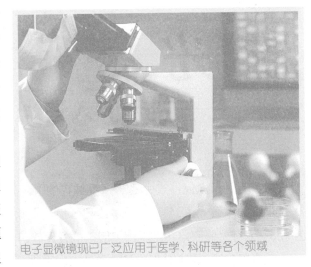
电子显微镜现已广泛应用于医学、科研等各个领域

家学会资助下，制成一台光学电子显微镜，以便全面比较光学显微镜与电子显微镜在性能上的差异，进一步证实了制造电子显微镜的可行性。在电子显微镜的前途被充分肯定的情况下，克诺尔和鲁斯卡也先后回到了研制实用的电子显微镜的行列中来。

鲁斯卡有一个兄弟赫尔穆特，是一位在医学界颇有名气的医生，生活也比较富裕，在鲁斯卡的影响下，他决心支持、资助和参与鲁斯卡的研制工作，因为他知道，一旦制成实用的电子显微镜，许多用光学显微镜难以观察和研究的任务，就会顺利完成。他和鲁斯卡一道工作，主要负责样品制备技术研究。经过几年的艰苦工作，在赫尔穆特的帮助下，鲁斯卡于1938年研制成功世界上第一台具有实际应用价值的电子显微镜。

鲁斯卡发明的这台电子显微镜光学部分和他1933年制成的显微镜大体相似，但比较好地解决了辐射损伤问题，分辨本领比当时最好的光学显微镜高出20倍。第二年，即1939年，德国西门子公司以鲁斯卡这台电子显微镜为样机，开始批量生产。1956年鲁斯卡在柏林玛克斯·普朗光学会的哈柏研究所创立了一个研究中心，聚集了一批研究人员，设法提高电子显微镜的放大倍数。为了避免街上车辆来往震动使显微照片变得模糊不清，鲁斯卡设计了一幢特殊建筑，这是一座有双层墙壁的双塔式房屋，每一座塔屋里安装一架电子显微镜。用这些高倍数电子显微镜，成功地拍摄到一堆堆原子照片，并且十分清晰。电子显微镜从此在微观世界的研究领域中开始大显神威。

由于鲁斯卡发明了电子显微镜，他成为了1986年诺贝尔物理学奖的获得者。

激 光

——神奇的人造光

激光是利用激光器产生的高强度纯粹的单色光。这种神奇的人造光，可以提供极强极细的平行光束，具有广泛的应用价值。比如，利用激光可以在坚硬的金刚石上穿孔、可以穿过眼睛瞳孔熔焊即将脱落的视网膜、可以进行外科手术等等。

激光的发明，极大地促进了科学技术的进步，是光学的荣誉与骄傲。

光学是一门古老的科学，它的发展经历了十分曲折的历程。中世纪牛顿创立光学时，认为光是由一个个弹性小球组成的，而后来的惠更斯则说光像声音一样是一种波动过程。"微粒说"和"波动说"之争曾持续了一段时间，只是由于牛顿的巨大威望，使得"微粒说"占了上风，统治光学界达100多年之久。

1801年，英国的物理学家托马斯·杨，经过严格的实验，否定了牛顿的微粒学说，肯定了光的波动说。60年以后，麦克斯韦仔细研究了光波，进一步指出光波是同无线电波一样的电磁波，区别仅仅在于它们的波长不同：无线电波波长一般以米为单位，而光波则以米的百亿分之一——"埃"为单位。这一理论，使人类对光的认识产生了飞跃，光作为一种波动现象普遍地被人们接受下来。

人类对于光的认识的另一次飞跃归功于伟大的物理学家爱因斯坦。

1905年，爱因斯坦提出了光子概念，把人们争论不休的光的粒子性和波动性统一在一起，得出并证实了光的波粒二象性结论。1917年，爱因斯坦在用统计平衡观点研究"黑体辐射"时，发现自然界存在两种发光方式：一种是自然辐射，另一种是受激辐射，从而为激光的产生奠定了理论基础。

原子、分子存在着低能态和高能态，在正常温度下，因为热平衡的关系，物质的低能态原子多于高能态原子。通过特殊处理（比如加热），低能态原子可以被激励到高能态，产生能态分布反转。一般情况下，各种高能态原子独立地放出不同色的光。一束单色光射到能态分布的受激态原子上，若这种原子的能量与单色光相符，受激态原子将受激而辐射出与入射光同步的光，因此放大了输入光，这样的放大如经反馈系统辗转递增，就会形成极强的相干光束。

物理学家爱因斯坦

爱因斯坦虽然在1917年就指出存在光的受激辐射，但经历了20多年，并没有找到具体的辐射方法。1940年前后，人们终于在实验中观察到了激发态电子的受激辐射对入射信号的放大作用，使科学家在发明激光器的征途上向前迈出了一大步。

1953年，美国物理学家汤斯根据爱因斯坦的理论制成了微波放大器。与此同时，苏联物理学家巴索夫和普罗乔洛夫也研究了微波放大理论，并探讨了微波放大技术实现的可能性。

到1958年，科学家经过研究证实，微波放大技术完全可以实用于光波的放大，因为光只不过是频率更高的电磁波。能够完成受激辐射光放大过程的器械叫做"激光器"。从此许多科学家的精力都转移到实验和制造激光器方面来。

1960年9月，世界上第一台激光器终于诞生了，它是美国物理学家梅曼制成的。当这位科学家用多种物质进行光照射实验时，发现红宝石棒受到光照时，突然射出一束深红色的光，其亮无比，经测定，亮度达到太阳表面亮度的4倍。于是梅曼利用红宝石棒制成了

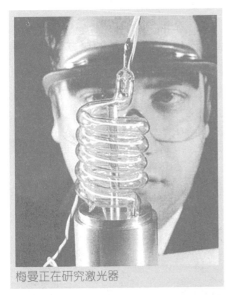
梅曼正在研究激光器

1960年梅曼研制成功的世界上第一台可实际应用的红宝石激光器

89

第一台激光器。

红宝石是晶体结构,因固体中离子能态的塞曼效应,可利用调节外加磁场强度的办法来调制激光器的中心频率,得到不同频率的光。荷兰物理学家塞曼曾证实:原子内的电子振荡产生光,磁场影响电子的振荡,因此,不同磁场强度影响产生不同频率的光。

贝尔实验室的科学家们正在研制红宝石脉塞放大器

除了晶体以外,液体、气体及其他物质也可以用来制造激光器,在梅曼制成红宝石激光器不久,贝尔实验室的伊朗物理学家贾万,用氦氖混合气体制成了激光发射器。

进入20世纪60年代,激光器发展速度十分迅速。继固体激光器和氦氖激光器于20世纪50年代末研制成功以后,1962年半导体激光器制成,1963年液体激光器出现,1964年锁模激光器问世。接着,染料激光器、超短脉冲激光器、化学激光器、分

链接 **Links**

激光技术在我国的发展

1961年8月,我国第一台激光器——"小球照明红宝石"激光器,在中国科学院长春光学精密机械研究所诞生了。它虽比国外同类型激光器的问世迟了近一年的时间,但在许多方面有自身的特色,特别是在激发方式上,比国外激光器具有更好的激发效率,这表明我国激光技术当时已达到世界先进水平。这台激光器的设计师是王之江教授,他被称为"中国激光之父"。

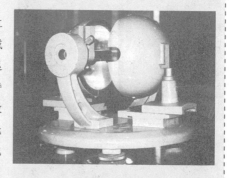

1975年,我国第一台激光测距仪又研制成功,它的研制成功,为我国大地测量和地震预报研究提供了一种长距离测距的新仪器。

1980年,我国首创了医用高功率激光气化肿瘤装置,为治疗癌症提供了一个新手段。

1994年,世界上第一张立体图像卡拉OK激光视盘在我国问世。

子激光器、电子激光器相继问世，这些形形色色的激光器能够发出从可见光到红外线的不同波长的激光束。

激光与普通光不同。普通光是五光十色多种光的混合。比如太阳光，就是红、橙、黄、绿、青、蓝、紫7种颜色光的混合。而激光，这种神奇的人造光却只包含一种光色，所以激光是单一颜色的纯光。普通光还有一个特点，就是向四面八方发射，而激光却只射向一个方向。假如一个极好的普通光探照灯射到月球上，照射的范围可以达到几千公里，而激光束射到月球上其范围却只有普通光的千分之一。激光的能量和亮度远远高于普通光。

正因为激光有着不寻常的特性，所以它的应用十分广泛，已经遍及工农业生产、科学研究、医学和国防的各个领域，成为发展最快的现代技术之一。在激光刚刚出现时，主要被用来进行材料加工，即用聚焦的高能激光实施对高硬度、高熔点材料的切割、打眼和焊接。由于激光束截面积小，又是理想的直线，常被用作大型建筑物的准直标线，并可用于准确测定高楼的振动幅度。激光雷达测量月球与地球距离的误差可以小于30厘米，并可用作飞机、火箭的导航。

激光在军事上的应用，是20世纪的一项重要发明。1980年9月，美国在伦敦国际航空博览会上首次展示了激光武器。一种小飞机发射出的激光束，能够准确而迅速地击毁十几公里外的飞行目标。激光在军事上的应用十分广泛，比如可以代替原子弹产生的高温引爆热核武器，可以作为空间武器击毁洲际导弹和人造卫星。它的速度是迄今为止人类所发现的最快速度。

20世纪80年代以后出现的光导纤维，在通讯方面显示出无可比拟的优秀特性。21世纪初，人类研制出激光计算机，运算速度已达到千万亿次以上。

激光的出现，使光学这一古老的科学焕发了青春。激光器的发明将光学科学技术推向了一个鼎盛时代。

激光在军事上的应用

照相排版

——不用铅字的印刷方法

　　世界上最早的印刷图书于公元868年在我国问世, 采用的印刷方法是木制刻版印刷。到了11世纪40年代, 我国发明家毕昇发明了活字印刷术。这为人类文明的发展做出了划时代的贡献, 因为活字印刷使图书这一人类文化的载体得以大量出版。

　　采用活字印刷的动力印刷机最早出现在19世纪初。18世纪虽然已经有了印刷机, 但使用的印刷机械全部采用手工操作。德国的印刷商人柯尼希和技术员鲍尔19世纪初来到伦敦, 创建了世界上第一个以蒸汽为动力的机器印刷所。1812年, 《泰晤士报》创办者的继承人活尔特订购了两台印刷机, 用这种机器印刷的第一张报纸——《泰晤士报》1814年11月29日出版发行。50年以后的1863年, 美国人布洛克发明了滚动印刷机, 使印刷速度大大加快。

　　1876年, 一个移居到巴尔的摩的德国技术员默尔根塔勒, 接到了研制带有活字键盘式印刷机的任务。经过艰辛的努力, 他研制的活字排版机1886年问世。这种排版机是这样的: 当操作人员把一个键按下时, 存贮装置就自动放出一个字母模, 字母模落入按横行排字的小盆子里。当一行字横排好后, 就把这行字模取出铸成金

早期的人工铸排机

属版，字模又回到存贮器中去以备再用。铸好的金属组合起来，加上手排的标题和图画，就可以进行整页印刷了。

第一代照相排版机

在单行铸造模机使用的同时，美国人兰斯顿于19世纪80年代发明了单字自动铸排机，它有两个分离的部件：其中一个是键盘机，它在纸带上按一定的型式打孔，每一种型式代表一个字母；另一个部件是铸造机，在其内部按打孔释放字模，按字模铸成单个的金属铅字，铅字自动组合成行，多行组合成页。

进入20世纪，印刷技术的发展方向是加速排版过程，其中最重大的成果是照相排版技术的发明。

照相排版是一种不用铅字的印刷方法，它通过照相原稿制成原版的母版来进行印刷。照相排版机通过操作键盘和计算机显示，在纸上呈现整页的文字，照相制成底片，代替铅字版。它有别于铅版印刷，纸面的版不是一块金属，而是一枚胶片。这种胶片是一种感光材料，多用于胶印版面，也可用来制造凸版印刷的版面。

用照相排版方法进行印刷优点是速度快、排版容易、印刷成本较低、长期大量使用以后经济效益较好。缺点是更改错误比较困难、设备初期投资较大。

照相排版是摄影与排字技术相结合的产物。这种方法由日本石田茂吉和森泽信夫于1924年最先发明。它是利用字盘和摄影镜头前后左右移动，将所在排的文字一个一个地摄取排列于相纸或底片上，以制得所需的文字版。

照相制版的机械首先由瑞士发明家施法于20世纪30年代研制成功，并于1936年取得了发明专利。

施法的发明很快被美国银行排铸公司采纳，在工程师弗罗因特的指导下，公司集中力量对施法的发明进行研究和改进。经过10年的努力，一种具有实用价值的照相排字机制造成功，被美国政府印刷局采用。1954年，经过莫诺排铸公司改进的照相排版机开始在市场上出售。

人工操作电子排铸机

93

印刷技术发展简史

印刷术发明之前,文化的传播主要靠手抄的书籍。手抄费时、费事,又容易抄错、抄漏。既阻碍了文化的发展,又给文化的传播带来不应有的损失。印章和石刻给印刷术提供了直接的经验性的启示,用纸在石碑上墨拓的方法,直接为雕版印刷指明了方向。中国的印刷术经过雕版印刷和活字印刷两个阶段的发展,给人类的发展献上了一份厚礼。

在公元590—640年,也就是隋朝至唐初雕版印刷发明,到宋代雕版印刷发展到全盛时代,各种印本甚多。较好的雕版材料多用梨木、枣木。北宋仁宗庆历元年至八年间,即公元1041—1048年,一位名叫毕昇的普通劳动者发明了活字印刷术。

19世纪初,德国生产了第一台快速印刷机,这以后才开始了印刷技术的机械化过程。

1863年,美国生产出第一批轮转机,以后德国相继生产了双色快速印刷机、印报纸用的轮转印刷机。到1900年,制造了6色轮转机。从1845年起,大约经过一个世纪,各工业发达国家都继续完成了印刷工业的机械化。

从20世纪50年代开始,印刷技术不断地采用电子技术、激光技术、信息科学及高分子化学等新兴科学技术所取得的成果,进入了现代化的发展阶段。

20世纪70年代,感光树脂凸版、PS版的普及,使印刷迈入了向多色高速方向发展的道路。80年代,电子分色扫描机和整页拼版系统的应用,使彩色图像的复制达到了数据化、规范化,而汉字信息处理和激光照排工艺的不断完善,使文字排版技术产生了根本性的变革。90年代,彩色桌面出版系统的推出,表明计算机全面进入印刷领域。

总之,随着近代科学技术的飞跃发展,印刷技术也迅速改变着面貌。

比施法的照相排版机性能更优越的弗顿照相排版机是两位法国的电话技术员希格内和莫伊鲁德发明的。由于对照相制版机械发生兴趣,希格内和莫伊鲁德于1944年夏天开始在自己的住宅内设计研制排版机,两年后,他们用少量的费用制成最初的样机。虽然样机粗糙,但设计比较先进,性能也较好。两位发明家向美国的弗顿公司介绍这种排版机,公司认为这种机械大有发展前途,决定出资1万美元,预付给希格内和莫伊鲁德,资助他们研制新的样机。两位发明家信心十足地投入到了研制工作中去。

莫伊鲁德为了把全部时间用于研制,放弃了本职工作。1948年,他们制成了新的样机。为了使这种样机早日进入实用阶段,他们带着样机从法国来到美国,准备继续进

计算机全面进入印刷领域

行研制，使其更加完善。但这时由弗顿公司改名的利索马特公司却没有再提供资金，资金短缺使研制工作受到阻碍。他们只好求助于热衷印刷出版事业的布什博士。到1953年，出版界筹集资金70多万元，支持新式排版机的研制，20世纪50年代末制成具有实用价值的机器，60年代开始占据重要地位。

1946年电子计算机的问世，对照相排版机的发展起到了推动的作用。运用电子计算机的半电子自动照相排版机——光学机械式照排机，1951年在美国研制成功。它由文字键盘打孔机、程序设计用电子计算机、自动排字照相机等主体设备组成，是照相机、打字机和计算机的结合。20世纪五六十年代，这种机械在美国和欧洲普遍使用。

全电子自动照相排版机从1966年起开始得到应用。1964年，美国政府印刷局与马根萨勒整行排铸机公司签订了一份研究研制合同，马根萨勒整行排铸机公司与哥伦比亚广播公司研究所开始一起研制一种全电子自动照相排版机，即阴极射线管照排机。它由电子计算机自动控制，利用信息处理技术进行自动排版。采用电子扫描的选字方式，在阴极射线管的荧光屏上显像，然后再经过光学系统拍摄到感光材料上进行排字。其特点是脱离模拟方式，将文字字符数字化，把每个字符分解成矩阵给予编码、进行存贮。其操作是将电子计算机、电视显示技术和照相技术相结合。

在发明阴极射线管照相排版机的过程中，英国的摄影师帕迪和新闻记者麦金托什做出了较大的贡献，他们曾在鲍尔公司资助下发明了鲍尔PM型照相排版机。

照相排版机的最新产品——激光自动照排机于20世纪70年代末问世。70年代初，美国的戴蒙公司和英国的蒙纳公司开始研制激光照排机。戴蒙公司由于中途间断，没有什么成果。蒙纳公司于1976年制成转镜式激光照排机，并投放批量生产。1980年，这种机器经过改进具备了汉字排版功能，这其中北京大学王选教授在改进汉字输入方面有杰出贡献。

这种照排机利用激光发生器发出的光速做光源、打孔纸带做负戴，利用电子计算机进行程序控制，经过讯号、光调制器将计算机的信号调制，经扩束器扩大光速直径，投射到多面体转镜上，再经透镜聚焦在感光材料上，经激光排版排字印刷。

照相排版机的出现和不断更新，减轻了排字工人的繁重劳动，提高了印刷速度和出版物的质量，促进了出版事业的进一步繁荣。

静电复印术

——崭新的干版照相印刷技术

　　利用静电复印机可以对各种文字材料、图表资料进行复印，这是一种新型的干版照相印刷技术。它应用了静电学原理和光电效应。复印中使用的干版是在金属版上形成一层光导电薄膜，这种薄膜能在暗室中充电，并在曝光之前始终保持带电状态，把光学图像投影到干版上形成静电潜像。在形成的景点分布图上撒上一种带颜色的粉末，粉末充电，使之既能为电荷分布图所吸引，又能为背景所排斥，原物图像的粉末图像用静电方法移到普通纸上，再用化学方法固定下来，就是复印的材料了。

　　静电复印术的发明者是美国的物理学家卡尔森。

在静电复印术发明之前，印刷复印主要依靠照相摄影装置，主要使用湿的化学剂，能使用的原版种类很受限制。同时，操作复杂，很不方便。而静电复印中干版可反复使用，采用干式照相对各种纸张几乎都能显影，用途广泛并且使用方便。

发明家卡尔森在学生时代，就对美术印刷很感兴趣，他曾编辑出版供业余化学家阅读的杂志。在工作中，他了解到排字工人工作繁重单调，十分辛苦。他想，能不能改进印刷方法从而减轻工人的劳动强度呢？他下定了改进印刷方法的决心。

20世纪20年代，卡尔森在加利福尼亚大学生物系学习，毕业后在著名的贝尔电话研究所从事研究工作。从1930年开始，他对专利和专利法产生了浓厚兴趣，就转到研究所的专利科工作，并潜心技术发明和攻读法律，获得法学博士学位以后，继续从事专业法的工作。

由于经济上的不景气，一方面使他的发明活动受到影响，另一方面也刺激他从发明中获利来改变自己的经济状况。正如他在备忘录中所说："我赤贫如洗，因此我认为从事发明并出售发明是迅速改变经济地位的仅存的可能途径之一。我受到了爱迪生和其他发明家成功的巨大鼓舞。"

1934年，卡尔森到马洛利公司当专利法律师。他注意到在办公室系统中复制文件手段落后、劳动繁杂且效率很低，开始思考如何改进传统的方法，进而发明新的复印技术。卡尔森考虑到柯达公司对传统照相复制方法已经进行了充分探讨，他决定排除化学效应而去研究光电效应。他在自己的笔记中写道："我有意识地不按照卤化银照相方法或已知的化学方法

链接 Links

有人戏称复印机的出现使学者们结束了"刀耕火种"的时代。其实，复印机更深远的意义在于它大大扩大了知识流通的幅度，是继印刷机之后的又一次飞跃。这一点，复印机的发明者瑞典物理学家卡尔森在1938年发明出这种机器时就了然于心了，他说："这家伙将改变人类知识生产的方式。"

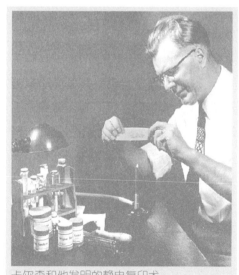

卡尔森和他发明的静电复印术

97

工作中的卡尔森（左）

进行研究，因为柯达公司和其他公司的研究人员已经对这些方法进行了充分的探讨，最有希望的解决途径是从研究光电现象入手。"

卡尔森想到了这一点，并朝着这个方向去努力了。他最初的试验并没有成功，为了找到失败的原因，他除了深入进行调查研究以外，还想从技术文献资料中得到帮助。在1934年以后3年多的时间里，卡尔森把大部分业余时间花费在纽约国立图书馆，认真查找并钻研技术文献。

在研究中，卡尔森曾打算利用电解作用，但在实验中发现需要的电流过大，难以实现，不得不放弃。他进一步指出，如能用高压电、低电流代替低压电、大电流产生电解作用，就能用等量的光控制大量的能量。以前曾有人用粉末形成静电图像，如果把它同光敏感应的静电干版联系起来，剩下的工作只是寻找合适的光导电材料和进行实际试验了。

1937年，卡尔森在完成了理论上的设想后，开始进入实验研究阶段，他首先对涂有硫黄的干版进行实验。摆在卡尔森面前的实际困难有两个：一是缺乏实验设备，二是他自己不具备实验家的熟练技巧。卡尔森并没有在困难面前退却，他把自己在纽约阿斯托利亚的一间小而僻静的屋子作为实验室。在他试制光电等干版用的硫黄时，满屋的浓烟从窗户冒出，邻居们担心引起火灾而怨声载道，卡尔森不得不一方面小心翼翼，一方面耐心向邻居们做解释。为了使实验进行得更加顺利，他雇用了一名失业的

链接 Links

卡尔森在1938年10月22日这一天把一张写有 "10-22-38 ASTORIA" 的小纸片放入他研制出的机器上复印，从而诞生了世界上第一张静电复印机印出的复印件，这张小纸片仅5平方厘米，却记载了一个历史性的日期。如今，这张小纸片成了珍贵的文物。

德国物理学家充当自己的助手，他们两人坚持不懈地进行着实验。

经过一年多的努力，他们终于获得了成功。1938年10月22日，采用干版静电技术复印的"10-22-38 ASTORIA"字样清晰可见，这是一次具有历史意义的复印，标志着采用干版照相的静电复印术即将获得成功。1939年4月，卡尔森取得了关于静电复印术的专利。

为了使这种崭新的复印技术尽早完善并投入实际应用，除卡尔森本人继续改进自己的发明以外，巴特尔公司一位富有印刷经验的物理学家莎菲特继承了干印术的研究工作。

卡尔森和他发明的"914"型复印机

1946年下半年，莎菲特在几名助手的帮助下，完成了静电复印术的两项重要技术革新：一是在干版上涂敷硒的高真空技术；二是把静电粉末从干版引到纸上的电晕放电技术。此外，还有一项技术难题被莎菲特攻克：在静电复印过程中，由于空间内存在多余粉末，在复印纸的背面形成了多余的影像图像。莎菲特找到了克服因游离粉末造成背景图像的方法。改进的复印术，接近于实际应用。

卡尔森曾极力使工业界对这种印刷术感兴趣，但长期没有结果。1947年，纽约的一个家庭公司——哈洛伊德公司对静电复印术产生兴趣，购买了卡尔森的专利。1948年10月22日，在卡尔森首次复印成功的10周年纪念日举行的美国光学年会上，哈洛伊德公司对静电复印术进行了公开演示，并获得了成功。

两年以后，静电复印系统开始在商业上得到应用，首先应用的是哈洛伊德公司研制成功的泽洛克斯复印机。从20世纪60年代开始，静电复印术得以迅速推广。静电复印机的发明，促进了办公自动化的进程。现在，利用复印机复印各种材料已成为人们日常工作、学习和生活的一部分。

青霉素
——传染病菌的克星

伤口的感染恶化、传染病的蔓延，夺去了无数人的宝贵生命。这是人类的顽敌——传染病细菌在作怪。能不能发现或发明一种能杀死传染病菌的物质来拯救病人和伤员的生命呢？从古代开始，人们就不断地进行这种探索，可是长期没有结果。

20世纪20年代末，青霉素的发现

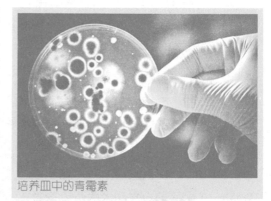

培养皿中的青霉素

和用人工的方法大量生产，使人类终于找到了传染病菌的克星。这一伟大的功勋归于英国细菌学家亚历山大·弗莱明医生。青霉素本来是自然生长的一种物质，发现了它的特殊功效、找出它产生的条件并大量进行生产，则是20世纪有口皆碑的一项重大发明。

1928年9月，金秋的阳光洒在伦敦普雷特大街上。位于街旁的圣玛丽医院的医生们照例各自忙着自己的事情。一天下午，苏格兰籍细菌学家亚历山大·弗莱明医生在他那杂乱无章的实验室里从事着和往日一样的研究——培养霉菌。他喜欢把装有各种培养菌的器皿随便扔放在那里，过一个星期再去看看有什么变化。

这天，当弗莱明正和同事交谈时，突然发现一个培养皿的情况异常，他立即中止谈话，凑上前去仔细观察，过了一小会儿，他指着培养皿中生长青色霉菌的地方说："真奇怪！"他发现，青色霉菌接触的地方，都没有平时那种大片的黄色细菌，而留下了干干净净的圈环。他立即记下了这一发现：在青霉周围的区域内，葡萄球菌消失了。从前长得那样茂盛，而现在却不见了，这是什么原因呢？

"是不是青霉把具有很强毒性的葡萄球菌消灭了呢？"

一个想法在弗莱明心中油然而生。他意识到自己发现了某种了不起的物质，开始

偶然发现青霉素的弗莱明

鉴定这种神秘霉菌。他从培养皿中刮出一点，放在显微镜下检查，这些青色的斑斑点点具有青霉葡萄球菌氧化酶的特性。弗莱明把剩下的霉菌也弄出来，放在一个营养罐里。过了几天，这些青霉素竟长成了菌落，使营养汤由青色变成淡黄色。

弗莱明开始对这奇特的霉菌进行各种试验。最后断定：这种霉菌本身具有同样的杀菌作用，而且对人体无害。弗莱明的这些重大发现，在医学史上具有划时代的伟大意义。

弗莱明出生在苏格兰，年轻时就读于伦敦圣玛丽学院。他特别敬重法国学者帕斯特，并深入研究帕斯特的重大发现。帕斯特曾证明，某些疾病和传染病是由微生物引起的，它们侵入人体，吞噬人体细胞。帕斯特进而提出他的看法：某些微生物摄取另一些微生物作为食物，就像一些动物以一些动物为食一样，生命之间存在互相对抗。

19世纪80年代，帕斯特创造了"抗生"一词。以后许多抗生素药物（如青霉素）

链接 Links

在战争中，细菌感染往往比对面之敌更有杀伤力。美国南北战争期间，南军有**18.6**万人死于疾病，是战死人员的2倍，仅痢疾一项，就夺走了**4.5**万条人命；一战初期的6个月内，伤寒就从塞尔维亚夺走15万名士兵的生命，到战争结束时，俄国有**300**万人死于该疾病。当然，这些"凶手"对平民的"杀戮"也毫不手软，在流感病毒肆虐的1918—1919年，有**2200**万人丧命。青霉素的出现，使得众多病菌感

Thanks to PENICILLIN ...He Will Come Home !

染者特别是战场上的无数伤兵，摆脱了之前"听天由命"的凄惨处境，青霉素被士兵们亲切地称为"救命药"，并因此名满天下。有一幅二战时期的宣传画在当时流传甚广，画上印有如下标语：感谢盘尼西林（青霉素），它让伤兵安然返家。

的命名,就源于此。帕斯特对细菌、霉菌等微生物的研究,为免疫学和细菌学的发展奠定了科学基础。到了20世纪初,科研人员已经查明了大多数致病微生物,并研制出预防天花、霍乱、白喉等疾病的疫苗,但是,却无法医治由细菌造成的传染病。弗莱明决心找到医治这些传染病的方法。

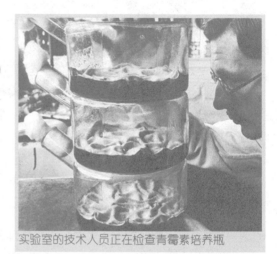

实验室的技术人员正在检查青霉素培养瓶

弗莱明大学毕业后到圣玛丽医院工作,在免疫学家赖特博士的领导下从事预防接种研究。他曾管理法国医生埃尔利希发现的洒尔佛散,这是一种能抵抗梅毒病菌的药物。埃尔利希曾预言,科学家们将会研制出一种可消灭病菌,但对人体细胞无害的抗菌药物,并形象地说:"将要研制出的抗毒素和抗菌素是一些魔弹,它们专打需要它们去消灭的细菌。"埃尔利希的这些言论,对弗莱明后来的成功起到一定的影响。

实验室的技术人员在往青霉素培养瓶中注入培养液

第一次世界大战期间,赖特博士和他领导的一个小组来到法国希洛涅,受命建立一个战地研究所,研究治疗协约国伤员的传染病。弗莱明也参加了这个小组的工作。战场上的伤员一批批被送到研究所。但是,他们运抵时伤口常常已经感染,一旦感染到血液,就连抢救的余地也没有了,等待他们的只有死亡。医生的崇高责任感和人道主义精神激起了弗莱明研制抗菌药物的决心。他从法国回到伦敦不久,就在这方面取得了第一次突破。

弗莱明从前线回国后,开始建立自己的实验室,从事培养菌类的研究。1922年,他的实验室初具规模,到处摆放着各种细菌培养器皿。

一天,弗莱明患了感冒,他决定往培养皿中滴自己体内的黏液。当黏液滴入后,周围细菌几乎立刻被溶解掉了。显然,黏液中有些使细菌致死的物质。他断定黏液中使细菌溶解的物质，就是人体中由空气传播的细菌防御的一部分，他把这种物质命名为"溶菌酶"。这一发现使弗莱明受到巨大的鼓舞，经过坚持不懈的努力，他终于在6年以后发现了青霉素。

1929年2月，在发现青霉素几个月之后，弗莱明向伦敦医学研究俱乐部提交了一份关于青霉素的论文，虽然同行们对他彬彬有礼，但对他的发现却表现出冷漠态度，这使弗莱明感到伤心。他只好默默地保存好自己培养的青霉素，而转向其他工作了。

为了同疾病作斗争，世界各国的医务工作者在不懈地寻找着新的杀菌药物。20世纪30年代，德国的研究人员发现了磺胺药物，它能有效地治疗咽喉炎、脊膜炎等疾病，但只限于少数几种病有效，且有较严重的副作用，这就迫使人们继续寻找对人体无害的杀菌剂。

英国病理学家弗洛里

澳大利亚出生的病理学教授弗洛里在牛津大学领导了抗菌素的研究。1935年下半年，他邀请年轻的生物化学家钱恩博士来牛津加入他的研究小组。犹太人钱恩愉快地接受了邀请，于1936年开始了对溶菌酶的各种试验。当他无意中发现了弗莱明关于青霉素的论文以后，得到很好的借鉴，受到巨大的鼓舞。

在弗莱明首次发现青霉素的10年之后，钱恩和弗洛里也在实验室中培养出青霉素，并提炼成粉末状，有杀菌作用，而且比磺胺类药物的效力大9倍。他们制得的纯青霉素比弗莱明见到的黄色小珠有效1000倍，并且没有明显的毒性。

弗洛里和钱恩经过一番努力，终于制成了比黄金

英国生物化学家钱恩

还贵重得多的一点点青霉素黄色粉末，并于1940年春天在老鼠身上进行试验。牛津研究小组研究人员先给50只老鼠注射足以致命剂量的链球菌，然后给其中25只老鼠注射一定量的青霉素，16小时之内，没有注射青霉素的老鼠全部死亡，而注射青霉素的25只老鼠中竟有24只活了下来。

牛津研究小组把这一试验结果公布于世，弗莱明看到后十分激动，他亲自去牛津会见了弗洛里和钱恩，并向他们提供了自己的试样。为了人类的健康，为了共同的科学研究，先后几代发明家、科学家进行着比友谊更为宝贵的合作。

1941年2月，青霉素首次应用于病人身上，并取得了比较好的效果。

一位警察在刮脸时不慎划破皮肤造成感染和中毒，当他被送进牛津的一家医院时，全身浮肿，体温高达40多摄氏度，肺部虚弱。因磺胺类药物不能阻止感染的发展，医生们认为已无法治疗了，只好等待死亡。在这种无可奈何的情况下，医生同意让弗洛里和钱恩试一下他们的新药——青霉素。

弗洛里和钱恩拿来了储存的仅有几克的全部青霉素，每隔3小时给这位生命垂危的警察注射一次。24小时后，病人的病情开始稳定，两天后体温开始下降，脓肿开始消退，病人的自我感觉也好转。可是只用了5天，青霉素全部用完，病人病情加重，还是死去了。但是，青霉素在病重患者的身上显示的威力，使人们看到了青霉素拯救生命的希望。几个星期之后，弗洛里和钱恩用他们制造的青霉素救活了一个因细菌感染生命垂危的青年。

尽管弗洛里和钱恩做了最大努力，但制造出的少量青霉素只能供给少数病人使用。当时，第二次世界大战的战火已席卷英伦三岛，英国政府没有财力资助青霉素的生产，弗洛里于1941年6月到没有战事的美国寻求财力物力上的帮助。

1941年至1942年间，伊利诺斯州的一家工厂生产出美国的第一批青霉素，但产量仍然很小，因为只能在很小的容器和昂贵的营养汤里培养，而且青霉素只能在有空气的营养汤的表面生长。要想生产出大量的青霉素必须改进生产工艺。

直到1942年末，生产青霉素的工艺才得到较大的改进。这时发现了一种来源广泛、价格便宜的营养汤，而且制造出可以充进空气的盛装很多营养汤的容器，使青霉素不仅只能在营养汤表面生长，而且在汤里也能生长。就在这一年，美国有20余家工厂大规模生产青霉素，供给战争前线的伤员使用。等到战争结束时，美国一年生产的青霉素可以供给700万病人的需要。美国以外的其他国家，也开始生产青霉素了。

当全世界病人服用青霉素的总量超过一亿剂时，发生了第一例用药本身引起的死亡。这是由于青霉素过敏造成的，这使人们进一步认识到任何有益的事物也都有其反面的作用，服用青霉素必须先做过敏试验，或者采用其他办法解决过敏问题。今天，医生们已经这样去做了。

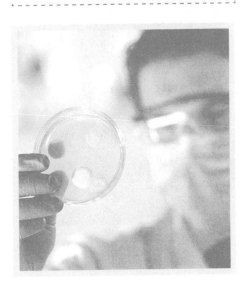

青霉素的显赫功勋，促使人们去寻找其他抗生素类药物。1943年，俄国出生的化学家瓦克斯曼博士发现了由土壤中的微生物产生的链霉素，它对肺结核等疾病的治疗有特效，但毒性大于青霉素。1947年，分离出可以治疗多种疾病的氯霉素，紧接着，又发现了金霉素和土霉素……各种抗生素的发现和生产，为医治人类的顽疾提供了良好的药物。到了21世纪，开始出现过度使用抗生素产生副作用的情况，提示人类不能过度依赖抗生素，而要去发明更有效、针对不同疾病的药物。

青霉素的最先发现者弗莱明和最先制成可以实际应用青霉素的弗洛里和钱恩于1945年共同获得了科学界的最高奖赏——诺贝尔奖。

六〇六

——人工合成的第一种抗菌药

法国化学家巴斯德

人类为了同疾病作斗争，想出了种种办法，发现和发明了各种药物。六〇六（学名胂凡纳明）就是人类最早发明的化学药物，在青霉素出现之前，它是人们用以抗菌消炎、治疗梅毒等病的最佳药品。

六〇六是德国医生埃尔利希于1909年首先人工合成的。这项了不起的发明，为拯救人的生命立下了汗马功劳。埃尔利希合成这一新药经历了艰辛的过程，其想法可以追溯到巴斯德时代。

19世纪60年代，伟大的法国化学家巴斯德第一次把传染病的发生和细菌联系在一起，他指出许多疾病的产生和传播是由于一种微生物——细菌引起的，从而奠定了现代医学的基础。为了证实巴斯德学说的正确性，许多科学工作者都从事有关细菌的研究，其中成就最为显著者是出身贫苦的德国乡村医生科赫。

科赫19世纪60年代毕业于格丁根大学，70年代在沃尔斯顿当外科医生。为了研究细菌，这位医生省吃俭用，用多年的积蓄建立了一个十分简陋的实验室。他购置了一架显微镜，孜孜不倦地对细菌进行研究。

为了培养出纯种细菌，他把巴斯德培养细菌生长的液体培养基改为固体培养

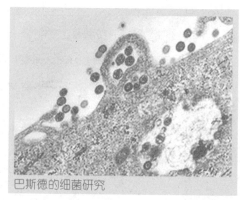

巴斯德的细菌研究

基,从而防止了细菌生长过程中流动。他采用细胞染色法对细菌进行染色观察,首先认证出引起炭疽病的杆菌,并在人类历史上,首次证明了某种微生物与相应疾病之间确切的因果关系。

"细菌学之父"——科赫

1880年,科赫在柏林建立了细菌实验室,以后又发现了结核杆菌,认定该菌是引起各种结核病的原因。19世纪最后15年,许多科学家在科赫的启发下,发现了一种又一种细菌。由于在研究细菌方面的开创性贡献,科赫被誉为"细菌学之父"。1905年他荣获诺贝尔生理学和医学奖。

从20世纪初开始,人们普遍认识到用肉眼看不见的细菌在地球上到处生存和活动着,无处不有,无孔不入。它们呈各种形状,其中一部分细菌是导致各种疾病的根源,对人类的生命和健康有巨大的危害作用。要保持人的健康,益寿延年,必须杀灭可以致病的细菌。

用什么药物既能杀灭细菌又不伤害人体呢? 细菌学家科赫并没有找到有效的方法,而他的学生德国青年医生埃尔利希却找到了这种方法,他用人工方法合成了细菌

链接 Links

微生物学的发展史

分期	史前期	初创期	奠基期	发展期	成熟期
时间	约800年前至1676年	1676—1861年	1861—1897年	1897—1953年	1953年至今
实质	朦胧阶段	形态描述阶段	生理水平研究阶段	生化水平研究阶段	分子生物学水平研究阶段
开创者	各国劳动人民	列文虎克	巴斯德和科赫	布希纳——生物化学奠基人	沃森和克里克——分子生物学奠基人
特点	①未见微生物个体 ②凭经验利用微生物	①观察微生物个体 ②形态描述	①微生物学建立 ②创立微生物学方法 ③实践—理论—实践 ④建立分支学科 ⑤寻找病原菌	①酵母菌 ②代谢系统 ③普通微生物学 ④寻找有益代谢产物 ⑤微生物工业化培养技术	①微生物生命活动规律 ②发酵工程 ③分支学科的发展 ④基础理论和实验技术 ⑤微生物基因组

化学药物——六〇六。

埃尔利希和秦佐八郎

埃尔利希1854年生于德国的一个小城市，自中学起就热爱动物学和化学，中学毕业后考入医科大学。在大学学习期间，从事关于某些化学物质对动物组织作用的研究。他的老师科赫关于用染料染色法对细菌进行观察分类的方法引起了埃尔利希的注意，他立即全力投入这一研究中。经过一段时间的认真研究，埃尔利希发表了关于动物体内组织的染色研究的论文，并因此获得了博士学位。

1889年，埃尔利希得知贝林医生发现动物体内能生成一种和细菌结合后可使细菌失去致病作用的化学物质，这种物质能使动物对某种疾病产生免疫力。埃尔利希立即和贝林医生合作，共同研制抗菌物质。经过3年的努力，研制成功了白喉抗毒素，这一成果使埃尔利希成为柏林大学教授。1896年，他被聘为德国政府血清研究所所长，继续从事细菌方面的研究工作。

根据对细胞染色的经验，埃尔利希给自己提出一个问题：既然一种染料只能使一种细胞着色，那么是不是某一种染料也只能使某一种病菌着色而不使人的细胞着色呢？如果这是真的，就说明这种染料中加入某种细菌药物，就能实现人类千百年来人工制造细菌药的梦想。

在这种想法的驱使下，埃尔利希决心用化学的方法去制取杀菌药物。选哪一种细菌进行实验呢？

对细菌颇有研究的埃尔利希决定选取能引起昏睡病的病菌——锥虫开刀，因为锥虫体积较大，容易用显微镜观察。还有一个有利因素，就是法国科学家拉贝兰已发现砷可以杀死锥虫，但毒性太大，往往在杀死锥虫的同时，杀死人的细胞，造成人的死亡。埃尔利希给自己的任务是：找到一种只使锥虫染色，不使细胞染色的染料，在其中加入

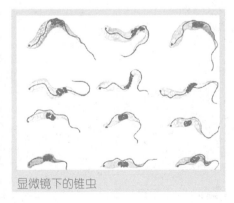

显微镜下的锥虫

适量的砷，注入人体后只杀灭锥虫而无害于人体。为了寻找这种染料，埃尔利希求助于德国最大的染料公司，该公司的瓦伊堡博士决定给予最大的帮助。

20世纪刚刚开始，埃尔利希在助手们的帮助下，就开始了选取染料的实验工作。他把锥虫注射给一批老鼠，使其患上昏睡病，然后分别注进一种染料，再对老鼠解剖进行观察，看老鼠体内的锥虫病菌是否被这种染料染色。如果没有染色，就换一种染料进行实验。

埃尔利希不间断地对400种染料进行了实验，却没有找到一种可以使病鼠锥虫染色的染料。但他并没有停止实验。1904年春，埃尔利希对瓦伊堡博士新送来的一种红色染料进行实验，获得了成功，经解剖观察，病鼠体内的锥虫病菌全被染成了红色。他把一定量的砷随同红色染料一起注入病鼠体内，使病鼠得救并活了下来。

治疗昏睡病的成功，使埃尔利希信心倍增。他决心研制出能攻克梅毒病菌的新的化学药物，以便医治当时流行于世界各地的梅毒病。

引起梅毒病的是比锥虫小得多的螺旋体病菌，它在人的血液里繁殖，致人死亡。埃尔利希首先还是使用能使锥虫染色的红色染料加入砷来杀死螺旋体病菌。实验证明，红色染料照样可以使病菌染色，但只有加入足够多的砷才能杀死病菌，这样多的砷又会伤害人体。怎么办呢？他决定改变砷的化学结构。

在日本病理学家秦佐八郎的帮助下，埃尔利希进行了顽强的实验：先给老鼠注入可致梅毒的螺旋体病菌，然后把改变

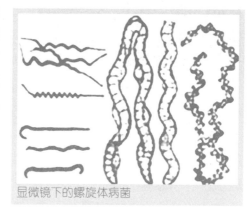

显微镜下的螺旋体病菌

结构的砷连同红色染料注入病鼠体内，再解剖老鼠，进行观察。

实验一次又一次地进行，砷的化学结构不断地改变。数百次实验仍不见效，意志顽强的埃尔利希却毫不气馁。到了1909年8月，实验已进行了600多次还没有效果，据说实验到606次，终于取得了成功，一种新的化学药物被发明了，它杀死了梅毒病菌，挽救了梅毒患者的生命。这是埃尔利希毅力顽强、献身于科学事业的结晶。

这种新的化学药物被命名为"六〇六"，学名为肿凡纳明。它是在青霉素出现之前，人类历史上第一个人工合成的抗菌药。它在1909—1929年的20年间，广泛被人们所使用，埃尔利希也因为六〇六的发明而永垂史册。

避孕丸
——节育良药

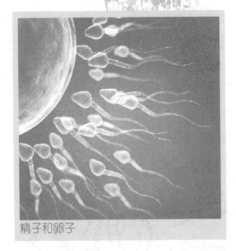
精子和卵子

进入20世纪，由于人口的爆炸性增长，使得世界上许多地方人口过密，甚至人满为患。地球上可供人类生存的地方是有限的，人类赖以生存的条件也是有限的，如果人类不能控制自己的增长，即使科学再进步、生产力再发达，也会带来贫穷、饥饿和自相残杀，最后导致自身的灭亡。

怎样才能有效地控制生育呢？第二次世界大战结束后，这个课题就摆到了科学家的面前。直到20世纪60年代，口服避孕药的发明和大量使用，才带给人类一种简便易行的革命性的节育方法。

远在17世纪的时候，生物学家就已开始收集有关繁殖后代和控制生育的信息。到了20世纪初，美国和欧洲大陆一些生物学家确信：很多哺乳动物受孕过程中就开始分泌一种抑制排卵的物质。

1921年，生物学家海伯兰特证实：有避孕效果的物质，是动物内分泌腺所产生的激素。他还大胆地提出：妇女服用这种激素，可以达到避孕的效果。就在这一年，医生斯托波斯在美国开创了控制生育的临床试验，但由于舆论和条件所限，并没有取得实质上的进展。

到了1929年，研究人员阿伦和阿勒尔从母猪的黄体中成功地提炼出结晶激素。接着，世界各地陆续制造出一些可供医疗用的激素，并在1935年的伦敦会议上作出了计量标准的统一命名。

从20世纪40年代起，在墨西哥城，一些化学家、生物学家和医生就开始集中研究被称之为"类固醇激素"的化学物质，这是人的一些腺体所分泌出来的微量生命物质。

经过对类固醇激素的深入研究，科学家们发现它分为两大类：一类是性激素，具有控制生殖系统作用；另一类是促肾上腺皮质激素，有调节人体代谢作用。性激素又分为雄性素、雌性素和孕激素三种，孕激素中以孕酮及黄体酮为主。

在对激素进行深入研究时，研究人员对孕酮这种激素产生了兴趣。假如孕酮是妊娠所必需的物质，注射孕酮是否可以防止流产呢？研究结果表明，答案是肯定的。但是当时激素类药物只能从动物身上获取，造价十分昂贵，这就使得人们不得不设法寻找廉价制造类固醇的物质。

从植物中提取孕酮的研究先驱者是美国宾夕法尼亚州立大学的托赛尔·马克。他研究成功一种把"皂苷配基"植物碱变成孕酮的有效方法，并开始寻找含有皂苷配基的植物资源。他检验了从美国西南部和墨西哥各地采集来的数百种植物，在墨西哥城建立了自己的实验室，专门从事从植物中提取孕酮的研究。

马克不辞辛苦，深入墨西哥南部的深山密林中寻找皂苷配基植物，终于发现了一种符合他要求的野生白薯。他用了两个多月的时间，从野生白薯中提取了2千克孕酮，并与他人合伙开设了一家经营孕酮的公司。但因发生矛盾，马克从该公司退出。1948年该公司聘用了一位瑞士

英女性票选"20世纪最有影响力发明"，避孕药夺冠

在英国曾经进行过一次以2000名女性为调查对象的问卷调查，评选"20世纪对女性最有影响力的10大发明"，评选结果，65%的英国女性选择"口服避孕药"，认为它是20世纪最有影响力的发明，这项发明让她们自由选择受孕的时机，以及决定想要几个孩子。

获得第2名的是"胸罩"，很多女性认为它是一项革命性产品，穿着胸罩可以让她们身材更好，甚至让她们更时尚。

获得第3名的是"洗衣机"，很多女性认为洗衣机在她们生活中，占据着非常重要的地位，让她们节省体力、时间，尤其深受45岁以上的英国女性喜爱。

接下来"最有影响力的10大发明"，依序是第4名卫生棉条、第5名验孕棒、第6名纸尿布、第7名睫毛膏、第8名牛仔裤、第9名速食简餐、第10名隐形眼镜。令人惊讶的是3C产品、网络等都没有入选。

"避孕药之父"——彭苏斯

化学家乔治·罗森克，他发现并采用马克的方法制成了孕酮激素。

1949年的春天，美国明尼苏达州的两名科学家肖达尔和亨奇宣布，他们发现有一种类固醇对使人行动不便的风湿性关节炎的治疗有特殊疗效，这就是具有神奇疗效的"可的松"，而这种药可以用孕酮为原料制得。从此，在美国各地兴起了一股研究类固醇热，科学家们接二连三地研制出各种类固醇。

1951年初，辛特克斯公司一个研究小组研制成功叫做"炔诺酮"的新型激素。接着西亚尔公司宣布他们制成了炔诺酮的变体激素"异炔诺酮"，这两种药的问世，特别是具有抑制生育功能的"异炔诺酮"的问世，使得制造口服避孕药的一切条件都已具备，可以控制生育的药丸就要诞生了。

为成功制造口服避孕药做出贡献的发明家，是美国的彭苏斯博士，他是什里斯堡理财团实验生物学研究基地的负责人。他给许多老鼠和家兔服用一种控制生育的激素，以便先在动物身上得出可靠的结论。他强调指出：避孕首先要掌握怀孕的规律，以阻止周期性的排卵活动。彭苏斯花了5年的时间，于1956年制成了可以服用的避孕丸。

可是一切药物是否有效，都必须进行实验。生儿育女，自古以来是天经地义的事情。限制生育在当今时代已不成问题，妇女们也愿意这样做。可在50多年前却难以找到一位愿意试验的女性。而积极推行使用避孕药丸的倡导者是美国杰出的女权主义者桑格·玛格丽特夫人。

桑格·玛格丽特是美国节制生育运动创始人，也是节制生育运动的国际领

积极推行使用避孕药丸的玛格丽特曾多次被捕，但她仍对节育运动热情不减。

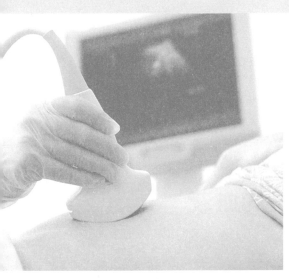

袖。她是一位男女平等主义者,认为每个妇女都有权计划其家庭人口之多少。她致力于消除有关避孕宣传的法律障碍,主持《节制生育讨论》发行工作,并散发小册子《生育计划》。她曾因邮寄主张节育的材料而被控告,因为在布鲁克林城设立第一个节育诊所以"有伤风化"被判劳役30天,她的遭遇受到公众的同情。1921年,玛格丽特夫人创立了全国节育联盟并担任主席。1927年,她组织了日内瓦第一次世界人口会议,并于1953年担任国际计划生育联合会首任主席。

1951年,玛格丽特会见了一位生物学家高丽·平卡斯,请求他找出一种最有效的节育方法。平卡斯已对避孕药丸的临床应用产生了兴趣,并和同事一起开始进行必要的实验室研究。

1956年秋天,妇科医生约翰·罗克在玛格丽特的赞助下,在圣胡安市郊开始了避孕丸的临床试验。

与此同时,彭苏斯选择了人口密集的西印度群岛的居民进行服用避孕丸的试验。他分别在海地首都太子港和波多黎各岛,把避孕丸发给参加试验的妇女,每月服用20粒。结果,使受孕率减少了96%。

1956年,彭苏斯的芝加哥商店冲破传统势力的束缚,开始出售"伊鲁维德避孕丸"。这是在政府批准之前敢于出售避孕丸的唯一商店。1957年,美国医学管理机关同意这一避孕丸作为商品出售。1960年,避孕药丸得到美国政府的正式批准,这时,已有50万美国妇女使用这种避孕药。

口服避孕药从20世纪70年代开始,在全世界得到普及。人类历史上第一次出现的安全易行、效果明显的口服避孕药,对于控制人口增长起到了巨大作用。

人造血

——不带血型的血液

人的血液是人体内循环系统物质运输的液体介质，其中电解质和蛋白质溶液的液体组合称为血浆。血浆中的悬浮颗粒物质有红细胞、白细胞及血小板。血液是生命的河流，正常人的血液占体重重量的1/13。流动的血液是维持人生命的基础条件，如果一个人的血液失去1/3，就会危及生命。

最早提出血液循环理论的生物学家哈维

人类对血液的探索有着悠久的历史。但在显微镜发明之前，人们对血液的奥秘是无法探知的。早在16世纪20年代，英国医生、生理学家哈维就曾研究血液，最先提出了血液循环的正确理论。但由于无法观察血液的内部构造而不知道血液的组成和功能。

17世纪，荷兰的显微镜学家列文虎克首次用简单的显微镜观察了血红细胞，并将其大小与沙粒作了比较，在科学地认识血液的组成方面迈出了第一步。

18世纪，英国生理学家休森进一步描述了红细胞，研究了淋巴系统，并证实了纤维蛋白在血凝中所起的作用。

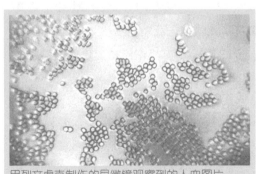

用列文虎克制作的显微镜观察到的人血图片

19世纪，人们认识到骨髓是造血器官并描述了恶性贫血、白血病及其他血液病的临床表现。可见，人类对于自己身体内的血液的认识，是逐步加深的。

人们在探索中发现，血液由有形成分和无形成分所构成。有形成分即血液中的颗粒状悬浮物红细胞、白细胞和血小板。红细胞占血液的45%，担负着往体内各部分运送氧气和运出二氧化碳的任务。血液之所以为红色，就是因为红细胞中的血红蛋白。白细胞和血小板共占血液的1%，白细胞负责杀菌，血小板负责凝血。其余部分是无形的血浆，它的任务是保证血液的流动。

19世纪的输血方式，没有血型检验，且由捐血者直接传给受血者。

血液对于维持人的生命至关重要。现在，我们已经知道当一个人失血过多时，必须进行输血。但是，在获得血型知识之前的数百年间，人们在对输血救人进行的探索中，失败总是大于成功的。

在对人进行输血之前，医生们先对动物进行了输血试验。1665年，英国人洛厄曾在狗与狗之间进行过输血。就在这一时期，法国人德尼因把羊血输给人造成死亡事故而被捕入狱。从此输血被列为犯法行为，受到严格禁止达200多年。到19世纪，英国一度用输血的办法

血型的发现者——兰德斯坦纳

治疗因分娩出现的大流血。到1875年，输血的记录已达340多起，但因人们对血型的无知，事故时有发生。

最先研究人的血液有不同类型的是奥地利生物学家兰德斯坦纳，1900年，这位年轻的生物学家在研究血液时，把同一个人的红细胞，放入几个人的血清中。他发现，有的人血清中放进去的红细胞发生了凝集反应，而另一些人的血清对红细胞没有影响。经过进一步研究，他发现人体血液存在着三种组合，他把它们分为A、B、O三种不同的血型。血型的发现，不仅为血液分类研究奠定了基础，也为输血救人提供了科学依据。现在，人们已经发现21个不同血型系统。

血型的发现，揭开了过去输血失败的奥秘。人们认识到，由于不同血型的血液红细胞表面带有不同糖分子组成的抗原和该血液的血清中带有抗不同类型血的抗体，不同血液中的抗原和抗体相遇，就会使本来悬浮在血浆中的红细胞黏聚到一起，使

旧奥地利币1000先令以兰德斯坦纳为头像

血液失去功能，导致人的死亡。

找到输血失败的原因以后，人们便开始在输血前进行必要的血型鉴定工作和进行血液交叉配合工作，以保证输血的成功。由于血型的限制，一个人在给另一个人输血前必须化验血型，不同血型人之间的输血，并非都可以进行，这就使病伤人员输血的血源受到限制，经常感到缺乏。特别是灾害发生或战争时期，对大批伤病员输血时，血源奇缺有时成了大问题。

能不能用人工方法制造大批不带血型、给任何人都可以输血的人造血液呢？这在几十年前被认为是梦想。可今天，却已经成为现实了。1978年，日本医生内藤良一向世界宣告：他制成了人造血液。这一消息轰动了医务界，它标志着永久性地解决血源危机的时代已经到来。

探索人造血液的活动起源于20世纪30年代。为了创造血液，人们首先研究的是血红蛋白的结构。因为当时生物学家和医学工作者已经知道血液中输送氧气和清除二氧化碳主要靠血红蛋白，当人体受到外伤或者因手术产生大流血时，危及生命的主要原因也是血红蛋白的减少。因此，研究人员非常希望首先人工合成血红蛋白，再合成红细胞，进而制造出血液。

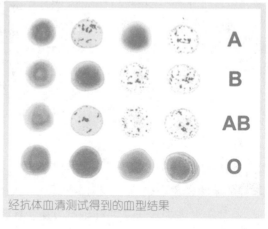

经抗体血清测试得到的血型结果

从20世纪30年代一直到60年代初期，由于受到各方面条件的限制，企图合成血红蛋白的工作一直没有突破性进展，人们不得不寻找其他途径。即从人血中提取红细胞，脱去其中的氧气，进行冷冻和干燥，支撑血红素粉保存起来。一旦需要血液时，在生理水中加入适量的血红素粉配置血红素液，作为血液的代用品，在鲜血供不应求时，供输血使用。由于这种血液没有摆脱对人血的依赖，是从人血中提取出来的，所以不能说是人造血液。

20世纪60年代中期，研制人造血液的工作出现了转机。1966年的一天，美国辛辛那提大学医学博士克拉克教授正在研究用来制造原子弹的氟碳化合物。突然一只老鼠掉进装有氟碳化合物的容器里。过了一会儿，教授把认为必死无疑的老鼠捞上来时，老鼠抖抖身上的溶液，迅速跑掉了。克拉克感到惊讶，他把供试验用的几只大白鼠扔进溶液里，2小时后才捞上来，它们也都活得很好。这引起了教授的极大兴趣，经过仔细研究发现：这种溶液具有很强的含氧能力，比水含氧量大10倍，相当人血液含氧量的2倍多，且氟碳溶液具有生物化学的惰性，不会与生物体的组织发生反应。

这种溶液是否可以代替血液呢？克拉克将少量的氟碳溶液注射入大白鼠体内，但大白鼠却死掉了。这是什么原因呢？经研究发现，氟碳化合物的颗粒太大，注入体内后排不出去，在器官里沉淀下来，形成了慢性中毒，造成了大白鼠的死亡。这第一次的失败并没有使研究人员灰心，世界医学界纷纷开始了以氟碳化合物为主要成分的人造血液的研制工作。

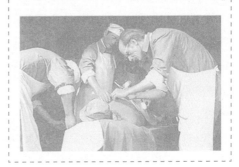

1958年，美国哈佛大学盖耶教授用全氟三丁胺、聚氟乙烯、聚氟丙烯的聚物制成了小颗粒氟碳溶液，这种溶液可以从尿道和汗腺排出。他把老鼠身上的血液抽去90%，注入这种溶液，然后把老鼠放到一个密闭的玻璃罩内，向罩内加入氧气。10分钟后，老鼠慢慢苏醒，并存活了8个小时。这是人类历史上第一次用人造化合物取代血浆注入哺乳动物体内并使其存活一段时间的实例，它证明了用氟碳化合物制造人造血液的可行性。但是这种人造化合物不能完全取代血液的原因尚待查明。

科学工作者进一步研究发现，这种化合物的颗粒虽小，但仍然会在微血管里聚

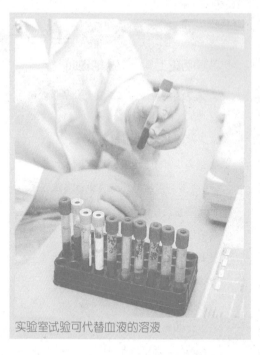

实验室试验可代替血液的溶液

集，堵塞微血管。所以用它取代血液，只能使动物存活一段时间。

美国科学家的实验启发了日本人。日本医生内藤良一专程赴美国拜访了克拉克教授，共同探讨了研制人造血液的可能性。回国后，他采用氟萘烷和全氟三丙胺的混合物做原料，经过表面活性剂乳化，制造出一种乳白色悬浮液。这种液体颗粒特别小，直径在0.1微米以下，状态稳定，既可从尿道、汗腺排出，又可以经肺泡呼出。它是否可以取代血液呢？尚需经过实验加以验证。

内藤良一把他配制的液体注进老鼠、家兔和狗的体内代替从这些动物体内抽取的血液，这些动物不仅可以正常

存活，而且经检验可在4个星期内基本排出代用的血液。8个星期后再检查时，几乎完全没有在体内残留。在动物体内实验的成功，使内藤良一深受鼓舞。可以在人体内进行实验了，由谁来冒这一风险呢？对科学的执著追求，使内藤良一不惜用自己身体进行了实验。他请人把这种配置的混合液注入自己体内50毫升，自我感觉良好。继续输入达300毫升时，仍很安全。4个星期之后，内藤良一进行了体检，这种血液基本排出体外，证明这种人造液体不溶血、也不凝血，完全可以同人血配合协作。另外数十名志愿实验者也输了50毫升人造液，均无异常感觉。1978年2月，内藤良一向全世界宣布，他成功地发明了人造血液。

接着，1979年初，中国上海有机所和第三军医大学合作，研制成功了氟碳人造血液。1979年4月，日本福岛医科大学的本多线儿教授首次把人造血液用于临床，给一名前列腺手术后大量失血的患者输入1000毫升人造血液，取得了良好效果。5月，该

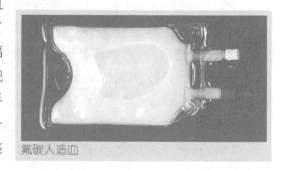

氟碳人造血

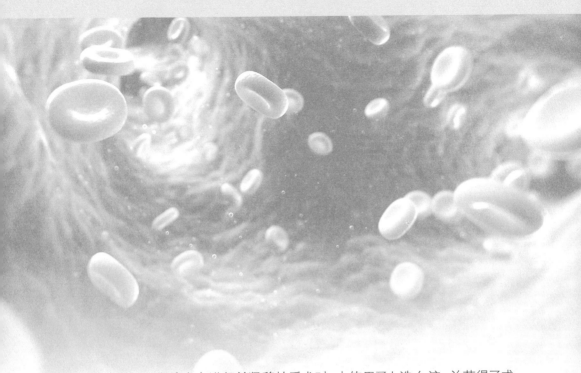

大学的一位外科医生在给患者进行单肾移植手术时,也使用了人造血液,并获得了成功。从此,人造血液被用来抢救大量失血者及用于医疗的其他方面,部分取代了人的自然血液。

氟碳人造血有许多优点:第一是不带血型,可以输给各种血型的人,不引起任何排斥反应和变态反应,可以减少人工输血的准备时间,及时抢救病人;第二可以做成固体保存,便于贮运;第三,它是工业产品,可以做到无毒无菌,不会给受血者带来感染性疾病。

氟碳人造血液也有不足之处:它只有输送氧气和二氧化碳的功能,没有人血那种输送营养物和免疫、凝血等多种功能,实际上只是人造血红细胞。另外,它输入人体后只能在3天之内起作用,3天后即完全排出体外,所以只能作为人血的临时代用品。

人造血液的发明,为抢救人的生命起到了巨大作用,是医学和生物学领域内一项了不起的科学技术成就。它向人们展示出一个美好的前景:制造出完全可以取代人血的人造血液,已经为期不远了。

胰岛素

——降低血糖的激素

　　由于有些人不大注意健康饮食使高糖食物过多摄入，糖尿病人越来越多。而应用胰岛素，成为治疗糖尿病的最主要的方法。胰岛素，是由胰脏分泌的一种激素，具有降低血糖的重要功能。胰岛素在细胞中促进葡萄糖转化为糖原，并促进葡萄糖的降解以提供细胞所需要的能量，是人体所必需的重要激素之一。

　　能不能直接从胰脏中提取胰岛素，从而使这一重要激素能够进行商业性生产呢？

　　进入20世纪以来，许多科学家企图努力使其成为现实。但是，因为胰腺中存在着的酶会使胰岛素失去活性，从而使人们20世纪最初10年做过的种种努力宣告失败。1921年，加拿大科学家格兰特·班廷找到了人工提取胰岛素的方法，并在人类历史上第一次成功地提取了胰岛素。这一伟大发明为人类解除了病痛，荣获1923年诺贝尔奖。

　　1891年11月，班廷出生在加拿大安大略省一个普通的小农庄里。他在兄弟5人中排行最小，由于他的出生母亲坐下了病根，这在班廷幼小的心灵中深感内疚。上小学以后，他放学后总是急急忙忙离开学校绕道去给母亲买药，在母亲的病榻前侍候，经常陪着她聊天或给她读报。班廷中学毕业后不得不离开母亲进入多伦多大学神学

工作中的班廷

院，但是上帝并没有因为他攻读神学而拯救他的母亲，当他还没有读完一年级时，母亲就去世了。于是这位大学生得出结论：治病救人不能靠上帝，得靠医学。他马上到医学院改学医学，从此走上了治病救人的道路。

在医学院，班廷不仅学习刻苦，成绩优异，而且因具备良好的品德而受到师生们的赞扬。有一次开饭时，一位女同学发现班廷没有去食堂，而是在校园里啃干面包。当时，她以为班廷是在抓紧时间学习，可是后来她连续多次看到他啃干面包。经过一再询问，才知道班廷为了资助一位贫困的住院患者，把自己整月的伙食费送到了那位患者的家中。

1916年，班廷以优异的学习成绩从多伦多大学医学院毕业。这时正是第一次世界大战期间，前线急需医务人员，班廷应征入伍，在医疗队中担任上尉，在战争的最前线服役。1918年9月在卡姆雷战役中，他冒着枪林弹雨抢救伤员，光荣负伤，被授予军功十字勋章。战争结束后，班廷在自己家乡开设了外科诊所，并兼任西方大学医学院助教，在生理学教授米勒指导下开始从事医学研究工作。

1920年10月，为了给学生讲解胰腺的机能，他查阅了大量资料。当时，人们已知道胰腺与血糖、糖尿病的关系，切除动物的胰腺会使血糖升高，引起糖尿病，在两三周内动物就会死去，如果留下部分胰腺在皮下，糖尿病就不会发展。胰腺中有一种细胞小岛，称为胰岛，它与消化液分泌无关。当时，科学家们推测胰岛可能产生一种正常代谢中利用糖类所需的激素，这种激素可以防止糖尿病，这种激素被称为"胰岛素"。可是，口服新鲜的胰腺或胰腺提取物，对治疗糖尿病却毫无益处，这是为什么呢？学者们感到扑朔迷离，不得其解，班廷决心解开这个谜。

1920年10月末，班廷准备给学生讲解胰腺生理，他从图书馆借来一本新杂志，其中有一篇文章题为《胰岛与糖尿病的关系》。他认真研读，其中讲到实验性结扎胰导管或由于胆结石阻塞胰导管，在胰腺中引起变性，除了胰岛之外全部胰泡细胞都萎缩并为结缔组织代替而硬化，尽管这种胰腺不再分泌消化液，但并不发生糖尿病。对于这一事实，班廷进行了联想：既然萎缩的胰腺可以防止糖尿病，那么某种胰腺的提取物通过注射而不是口服也必定能治疗糖尿病。

口服胰腺提取物为什么不能防治糖尿病呢？班廷想，这可能是由于胰腺提取物中抗糖尿病激素被消化酶分解了。而注射胰腺提取物之所以可能有效，是因为其中不再有破坏抗糖尿病激素的胰酶。班廷在兴奋之余想到要立即进行实验，他在笔记本上写到："结扎狗的胰导管，等待6~8周，使胰腺萎缩，再进行提取'胰岛素'来治疗糖尿病。"

当天晚上，这位年轻学者久久不能入睡。他想到糖尿病患者的痛苦和不能治疗而惨痛的死去，仿佛听到成百上千患者的疾声呼救。他心情激动，把拳头在床上猛敲一下，下定了提取胰岛素的决心。

麦克劳德

第二天一早，班廷兴冲冲地来到米勒教授的办公室，大胆地陈述了自己打算用人工方法制取医治糖尿病激素的想法。教授热情支持这位年轻人进行实验。可惜米勒的神经生理实验室不具备进行实验的条件，他建议班廷去母校多伦多大学医学院进行实验，因为那里不仅设备先进，而且有一位来自苏格兰的研究糖尿病的权威——麦克劳德教授。

当班廷满怀信心地来到"权威"面前时，这位深知研究糖尿病难度的教授断然拒绝了他的请求。教授认为，这位年轻人把事情想得太容易了，搞科研可不单单是查资料和发议论。一个月后，班廷再次请求，也被拒绝。班廷并没有灰心，却越发觉得麦克劳德教授是一位治学严谨的好导师。

1921年4月，班廷第三次来到多伦多大学求助于麦克劳德教授。教授被他的顽强精神所感动，答应在暑期里把自己的实验室借给他8个星期并派两名毕业班学生充当他的助手，还给他10条实验用狗，但实验用其他费用需要自筹。

班廷异常高兴，他决定把自己的诊所及医疗设备、家具全部卖掉。他又买了几条狗和实验用仪器，便与两名助手一道于5月中旬给狗做了胰导管结扎手术。在等待狗的胰腺萎缩期间，班廷和助手贝斯特抓紧阅读有关文献，并制订了详细的实验方案。过了6个星期，胰腺应该完全萎缩了，但当他们解剖狗时，发现多数狗的胰导管是通畅的，胰腺并没有萎缩，实验失败了。班廷仔细地查找了失败原因，发现结扎得太松太紧都不能造成胰腺萎缩。他们采用新的结扎方法，重新实验，并摘除了一条狗的胰腺，造成实验型糖尿病。

到了7月下旬，实验取得了可喜的进展。当两位年轻人把已经萎缩的胰腺切片在显微镜下检查时，发现除了胰岛外已经没有正常的胰泡细胞。于是他们把胰腺切成小片，在冰冻条件下碾成泥末状，加入一定量盐溶液。当抽取这种溶液每半小时给患糖尿病的狗注射一次时，奇迹出现了，患狗的血糖迅速降低。继续一段时间以后，患狗糖尿消失了，血糖恢复了正常，狗变得强壮起来。这使班廷和贝斯特欣喜若狂，他们互相拥抱以示庆贺。在欣喜之余，他们冷静地想到：实验还刚刚只在一条狗身上成功，别忙声张，还要继续实验。

班廷把从胰腺中提取的物质称为"岛素"。他们采用结扎胰导管等胰腺萎

缩后提取岛素的方法需要费时两个多月，而且每次提取量太少。怎样才能增加提取量呢？班廷意识到关键在于排除胰酶的破坏，于是便想法在胰腺排空胰酶之后再提取岛素，但这种方法还是不能大量增加岛素的数量。经过分析，班廷认为，既然胰蛋白酶活动带适宜条件是碱性的，那么用新鲜的胰腺在提取过程中加上酸，不就可以避免胰酶的破坏了吗？这在理论上是正确的，但要成为现实必须经过实验，他们马上付诸行动。

1921年8月，班廷把牛的新鲜胰腺经酸化后再提取岛素，注射给患糖尿病的狗后，成功地降低了狗的血糖，消除了尿糖。只要每天注射，病狗就活下去了，这使年轻人进一步受到鼓舞。他们夜以继日地工作在实验室里，饿了就啃几口干面包，

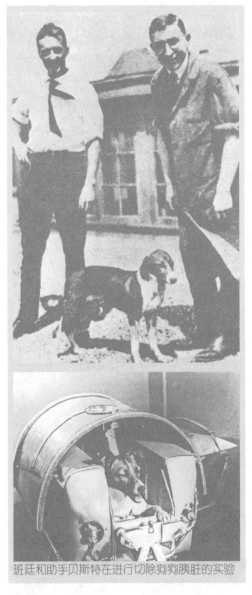

班廷和助手贝斯特在进行切除狗狗胰脏的实验

困了就打个盹，废寝忘食地进行着实验，以便提取更加纯净的岛素，用于治疗病人。

正当两位年轻人努力工作时，麦克劳德教授休假归来了。经过一番询问和检查，教授对班廷和贝斯特的顽强精神和实验工作心悦诚服，并立即宣布指派生物化学助手柯列普协助班廷工作，运用实验室的全部设备，全力以赴纯化胰岛提取物。经过几个月的努力，较纯的岛素终于被提取出来，改称为前人的习惯称号——"胰岛素"。

1922年年初，班廷携带提取的胰岛素来到多伦多总医院，征得主治医生的同意后，给一位14岁的糖尿病患者做临床治疗。注射胰岛素以后，病人血糖显著下降，尿糖开始减少。坚持注射，取得了理想的疗效。接着，临床治疗在几位成年患者身上也取得了良好的效果。临床实验证明，胰岛素对治疗糖尿病确实有效。为了表彰班廷的卓越贡献，多伦多大学立即授予这位31岁的学者医学博士学位，并颁给他一枚金质奖章。

成功提取胰岛素这一伟大事件轰动了全世界，班廷这位不知名的青年医生立即成为创造奇迹的新闻人物。为了满足世界各地大量糖尿病人的迫切需要，班廷及其助手发明了在酸性和冷冻条件下直接从牛胰腺中提取胰岛素的方法，很快用于大规模工业生产。

班廷的发明使许多富商巨贾以高价要求购买发明权。班廷为使糖尿病人普遍得救，以最低的价格把发明权让给一家制药公司。在以后的50年中，拯救了3000万

1930年多伦多大学研究所

糖尿病患者的生命。

　　1923年，班廷被任命为医学教授。安大略省出资筹建了班廷-贝斯特医学研究所。这一年，诺贝尔基金会把本年度生理学和医学奖授予班廷和麦克劳德。由于获奖名单中没有与他同甘共苦的贝斯特，班廷深感不快，他没有亲自去领奖，并宣布所发奖金的一半分给贝斯特，麦克劳德教授也效仿这一做法，把奖金的一半分给纯化和鉴定胰岛素有功的柯列普，班廷的高尚情操被传为佳话。

　　1941年2月21日，伟大的发明家班廷因飞机失事不幸遇难，年仅50岁。噩耗传来，多伦多全城举哀，加拿大举国悲痛，沉痛哀悼为人类做出重大贡献的加拿大人民的杰出儿子。班廷过早地离开了人间，可他发明的人工提取胰岛素将永远造福于人类。

链接 Links

第一次人工合成牛胰岛素

1965年9月17日，我国首次在世界范围内用人工方法合成了结晶体牛胰岛素。从1958年开始，中国科学院上海生物化学研究所、中国科学院上海有机化学研究所和北京大学生物系三个单位联合组成协作组，在前人对胰岛素结构和肽链合成方法研究的基础上，开始探索用化学方法合成胰岛素，并最终人工完成了世界上第一个蛋白质的全合成。

人工牛胰岛素的合成，标志着人类在认识生命、探索生命奥秘的征途中迈出了关键性的一步，促进了生命科学的发展，开辟了人工合成蛋白质的时代。

第一次人工合成胰岛素的科学家团队

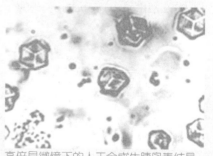
高倍显微镜下的人工合成牛胰岛素结晶

塑 料

——让人爱恨交加的人工合成材料

自古以来，人们一直采用木材、金属、石头和其他矿物质作为原材料制造各种工具和产品，以满足生活和生产的需要。但是，这些天然的材料毕竟是有限的，而且就其性能来说也不完全令人满意。这就迫使人们想生产出代替天然材料的人工合成材料。19世纪70年代，最初的人工合成材料——赛璐珞，由一位美国的印刷工人海厄特制造出来，这就是最初的塑料。

1909年贝克兰第一次成功地人工合成酚醛塑料

塑料，是用聚合方法使分子结成链状和网状的新兴人工合成材料。最初的塑料——赛璐珞是由硝化纤维素经植物油和樟脑软化成的，还算不上是完全的人工合成材料。而真正的合成塑料是用苯酚和甲醛这两种有机物制成的酚醛塑料，它是1909年由美籍比利时人贝克兰发明的。塑料是20世纪的重大发明。

塑料的最终发明，经过了漫长的道路。早在1832年，法国的布雷孔诺教授就发现，把硝酸均匀而集中地倒在棉花或木质纤维上，就会生成一种坚硬的防水薄膜。但这位教授没有对这种新物质进行深入研究。10年之后，德国化学家斯恩宾进一步发现：把酸性溶液洒在棉布上，放在烤炉上烘烤，棉布立即变成一股烟消失了。于是

赛璐珞的发明者海厄特　　为塑料的发明做出过贡献的
冶金学家帕克斯

他进一步研究证实，用硝化棉可以制作火药。接着英国冶金学家帕克斯在制取人工合成材料方面迈出了一大步，他用二硫化碳溶解橡胶制成了防水织物，这是人类用来做雨鞋、雨衣的材料，是塑料的雏形。到了19世纪60年代后期，英国的斯皮尔成立了"赛璐珞"公司。与此同时，美国的印刷工人海厄特也制成赛璐珞，并于1870年首先取得专利。

　　然而，这些早期的塑料并不是完全的化学合成物，因为赛璐珞本身是以天然的棉花纤维作为基础材料，用酸类或其他化学添加剂制成的，并非完全是人工合成物。第一次世界大战后，一位由比利时移居美国的科学家贝克兰对人工合成材料的研究产生了浓厚的兴趣。他是一位生活安排得井井有条、作风严谨、受人尊敬的科学家。1899年，36岁的贝克兰放弃了对摄影的兴趣，重返欧洲，潜心于化学的研究。

　　20世纪初，电力工业的发展迫切需要一种新型的绝缘材料，贝克兰决心制出一种新型人工合成材料。他的想法是，先制成一种胶黏性的残渣，再找一个能使它溶解的溶剂，最关键的是制造出一种被称为"贝克林兹"的酚醛塑料机。他的想法逐步得到实现。1907年2月，贝克兰制造出纯粹人工合成的酚醛塑料。

　　酚醛塑料俗称"电木"。酚醛塑料共有两种，一种是整个原料处于炽热液态情况下时停止其化学反应而制成的，这种材料遇冷后凝固变硬，这时只有用相当适合的溶剂才能把它溶解。第二种酚醛塑料受热会成一种松软的固体，冷却后又很坚硬，适于制造模具。对第二种塑料在一定压力下加热，有耐磨、绝缘、可塑性好等性能，因此在机械、电力、化学工业上得到了广泛的应用。

世界上第一台用塑料制作外壳的收音机

就在贝克兰的"电木"得到广泛应用后,许多国家的发明家们还在研制新型的人工合成材料。英国的詹姆斯·斯温伯恩继贝克兰之后最先获得了苯酚甲醛塑料的专利。1920年,美国化学家纽兰德发现两个碳原子联结两个氢原子组成一个分子的无色气体乙炔,可以通过聚合组成具有橡胶特性的大分子。接着,美国化学有限公司的技术人员发现,如果把氯原子添加到聚合物的乙炔链环中去,可以制成一种比天然橡胶性能更好的人工合成橡胶。加拿大的卡默斯博士1930年冬取得了一种玻璃状塑料——甲基丙烯酸酯的专利。

人工合成材料的一个重要品种尼龙,是20世纪30年代由美国年轻的化学家卡洛泽斯提供理论,由庞特在230多名化学家和工程师合作奋斗下首先制成的。卡洛泽斯曾在依利诺斯大学和哈佛大学任教,他应杜邦公司的请求,于1928年加入该公司从事高分子聚合物的理论研究。他通过研究高分子聚合物的合成及其结构,为制造合成纤维——尼龙铺平了道路。到了20世纪30年代末,杜邦公司开始大量制造尼龙袜及尼龙牙刷等塑料用品,到了40年代,英国帝国化学公司也开始大量生产尼龙。

塑料的一个最重要、应用最广泛的品种是聚乙烯,它是由乙烯聚合而成的。20世纪30年代初期,英国帝国化学公司开始在高压下进行化学反应的研究工作。使用的压力不是以前上百个大气压,而是几千个大气压。进行这样的实验需要昂贵的设备和投入巨大的经费,有时候却得不到理想的产品。英国帝国化学公司曾与荷兰科学家建立联系,当他们得知阿姆斯特丹大学的米歇尔斯教授研究成功一种技术能测

量影响物质各种物理性质的压力效应以后,便派两名技术人员前去学习,并于1931年得到了这种装置。到1933年,在实验中制得了乙烯聚合物——一种白色的石蜡状固体。但由于没有充分认识到这种固体的重要性,而是偏重于这种高压聚合物的爆炸危险,于是研究中断了。

1933年后期,英国帝国化学公司为了安全地进行高

压试验，建成了装有特殊设备的研究室。1935年，研究员巴顿发现，当一氧化碳和苯胺在高压下发生反应时，就会生成固体。这时他联想到以前的实验结果，决定再次研究一氧化碳和乙烯的反应，希望通过高压反应，生产聚合乙烯。由于设备缺陷使压力没有达到预想结果，实验没有成功，但在拆卸装置时，发现了少量白色粉末，这种粉末具有各种优良性能，能拉成丝和薄膜，具有抗化学性和绝缘性，这就是世界上最早的聚乙烯塑料。英国帝国化学公司向英国和美国同时提出了专利申请。

美国对聚乙烯塑料的研究几乎和英国同步进行。后来成为哈佛大学校长的科南特于1933年在1400个大气压和1170摄氏度情况下对乙烯同苯醛进行过反应，制得了少量白色蜡质固体。经过分析，这种固体是一种碳氢化合物。进而证明了，当乙烯单独受到这种高压时，也能得到类似的结果。

20世纪30年代，美国和欧洲科学家潜心研制人工合成材料。正当所制产品有待向实用方面发展时，第二次世界大战爆发了，战争刺激了塑料工业的发展。战后不久，塑料工业在英国和美国迅速兴起，为了生产出更实用的塑料，人们在添加剂方面又有了新的发现，并出现了另一种新型塑料——聚氯乙烯。最初的产品聚氯乙烯是纤细的白色粉末，而聚乙烯制成片状和颗粒状，以便加以区别。这些粉末状或丝状、颗粒状的原料，使用热固方法就可以制成各种所需要的产品了。

链接 Links

塑料制品的循环使用标识

三角标	产品类型	使用	危害
△1 PET "1号"PET	矿泉水瓶、碳酸饮料瓶	饮料瓶别循环使用装热水	1号塑料品用了10个月后,可能释放出致癌物 DEHP,对睾丸具有毒性
△2 HDPE "2号"HDPE	药瓶,护肤、沐浴产品包装	清洁不彻底建议不要循环使用	清洁不彻底将变成细菌滋生的温床
△3 PVC "3号"PVC	目前很少用于食品包装,雨衣、建材等	已较少用于食品包装,如果再使用,千万不要让它受热	高温时容易产生有害物质,可能引起乳癌、新生儿先天缺陷等疾病
△4 LDPE "4号"LDPE	保鲜膜、塑料膜等	食物入微波炉,先要取下包裹着的保鲜膜	温度超过110摄氏度时会出现热熔现象,会残留一些人体无法分解的塑料制剂
△5 PP "5号"PP	微波炉餐盒、保鲜盒	唯一可以放进微波炉的塑料盒,可在小心清洁后重复使用	特别注意,一些微波炉餐盒盒盖是以1号PET制造,PET不能抵受高温,放入微波炉前,先把盖子取下
△6 PS "6号"PS	碗装泡面盒、快餐盒	不能放进微波炉中,同时避免打包滚烫的食物;不能用于盛装强酸物质(如柳橙汁)、强碱性物质	遇强酸、强碱可能会分解对人体不好的聚苯乙烯,容易致癌
△7 OTHER "7号"其他	水壶、水杯、奶瓶	被大量使用的一种材料,尤其多用于奶瓶中,但因含有双酚A而备受争议	双酚A属低毒性化学物,可导致雌性早熟、精子数下降、前列腺增长等,另外具有一定的胚胎毒性和致畸性

　　工业上把这种加工制成的塑料叫做热固塑料。它的最大特点是受热时变得松软,而且有韧性,一旦冷却便固定成型,适合于加工成各种形状。怎样把聚乙烯和聚氯乙烯的原料加工成各种产品呢? 在20世纪40年代,热固塑料最普通的加工方法是把原料放在一个热模内加压,这叫做模制法。还有一种方法是压制法,就是在高温下把原料挤进一个固体形状的缝隙中成型,再根据需要做成不同形状。

这种高温高压的方法，既需要昂贵的设备，也给工人的劳动造成了严酷的条件。能不能在常温常压下制取塑料呢？时代的不断进步向科学家和技术人员提出了新的问题。许多国家的科技人员，开始进行这一课题的研究。

到了20世纪50年代，一种生产塑料的新方法——在常温常压下制造聚氯乙烯的方法研究成功了。首先研究出这一方法的是德国的普朗克学会研究所。这个研究所由于得到鲁尔地区各公司的资助，在对煤炭化学的研究中，发现了通过加入催化剂可使乙烯在常温常压下聚合的方法。到20世纪50年代，美国和英国的一些科技人员都发现了这一方法，只不过使用的催化剂不同。德国使用铝催化剂，英美则使用铬催化剂。这一新方法的出现，使塑料制造业得以迅速发展。

20世纪50年代，德国和美国的一些公司，还对另外一种新型塑料——聚乙烯的制取投入了精力。但聚乙烯塑料制取的最后成功，却是意大利米兰工学院的纳塔博士的功劳。聚丙烯是一种比聚乙烯硬度更高、刚性更大的塑料，可取代金属制造各种机械零件。

塑料这种新兴的人工合成材料，诞生虽然只有七八十年，却在人类的生产、生活中扮演了极其重要的角色，为推动人类文明起了巨大作用。但是让人遗憾的是，塑料的毒性和耐腐蚀性，给人类带来很大害处：食品塑料包装产生塑化剂危害人体健康、对环境的污染长期难以消除，让人们真是对它爱恨交加。

我国是世界上十大塑料制品生产和消费国之一。1995年，我国塑料产量为519万吨，进口塑料近600万吨，当年全国塑料消费总量约1100万吨，其中包装用塑料达211万吨。据调查，北京市生活垃圾的3%为废旧塑料包装物，每年总量约为*14*万吨；上海市生活垃圾的7%为废旧塑料包装物，每年总量约为*19*万吨。全国每天仅买菜就要用掉10亿个塑料袋，其他各种塑料袋的用量每天在20亿个以上。这些包装材料在使用后往往被随意丢弃，造成"白色污染"，形成环境危害，成为极大的环境问题。

不锈钢

——耐腐蚀的铁合金

从古至今,铁都是制造工具和武器的主要材料。铁作为一种主要矿藏,在地球上具有十分丰富的储量。在人们知道炼铁以后,铁才被广泛地用来打造工具。

远在4000年前,叙利亚北部的特尔沙贾巴扎就有了熔炼铁的作坊。从各地出土的文物中可以看出,铁器时代在不同的地方始于不同的年代。冶炼铁矿和利用铁器,是人类技术进步的一个里程碑。在铁中加入一定量的其他成分变成钢是近代的事情,而制造不锈钢——耐腐蚀的铁合金,则是20世纪重大发明。

不锈钢是以铁为主要成分,并配合一定比例的铬和其他元素组成的合金,含铬一般在12%~30%,碳含量一般不大于1%。不锈钢一般分为三类:马氏体不锈钢,特点是低铬高碳,加温后硬化,富有韧性;铁素体不锈钢,特点是低铬高碳,不硬化;奥氏体不锈钢,特点无磁性且具有高耐性和塑性,强度较低。不锈钢的最大优点是耐腐蚀、不生锈。

不锈钢是当今世界上应用最广泛、性能价格比最优的钢材。在我国,不锈钢的消费能力也十分巨大。

数字显示,2000—2006年,我国不锈钢消费量年平均增长率在**21.17%**以上。其中,2001年,我国不锈钢表观消费量达到205万吨,超过美国成为世界第一不锈钢消费大国。2008年,我国不锈钢表观消费量达到624.00万吨。

2011年11月份,我国不锈钢产量增长了**11.1%**至1250万吨。生产不锈钢制品的数量同比增长**65.25%**。其中广东省是我国不锈钢制品的主要生产基地,产量约占全国总产量的**75%**以上。

铁铬合金研制成功于19世纪后期,但由于其中铬的含量不在规定的合乎要求范围之内,所以还不能说已经发明了不锈钢。英国的一位冶金专家哈德菲尔德也曾经错误地认为,铁合金中所含的铬有损于合金的耐腐蚀性。甚至到了20世纪初,已经研制出不锈钢的法国专家吉莱和波特万,也没有意识到不锈钢的最大特点和突出性能是抗腐蚀性。钢铁的锈蚀造成巨大损失,使科学家大伤脑筋,因为大量的钢铁在空气中白白被浪费掉了。到本世纪初期,发明一种比铁坚硬、又不锈蚀的新型钢材料,提到科学家的研发日程上来。能不能发明一种不锈钢材呢? 最先认识到不锈钢抗腐蚀性的是德国的蒙纳茨和博尔歇。

1911年蒙纳茨首先获得了关于不锈钢的德国专利,并发表了铬钢耐腐蚀性的论文。在他们之前,不少科学家努力研究低碳铁铬合金的性质。1904年,法国的吉利特研究了低碳铁铬合金的机械和金属性能,并发表了详细的研究成果。他虽然并没有发现这种铁合金的最本质的性质——耐腐蚀性,但对马氏体和铁素体不锈钢做了等级分类。5年之后,另一法国人波特温做了类似的研究。

马氏体不锈钢的真正发明者是英国的布里尔莱。他是一位自学成才的冶金学家,曾担任几家钢铁公司联合经营的一家钢铁研究所所长。他研制不锈钢的动机是希望能为海军制造出可以生产枪炮的不生锈的铁合金。他首先想到铁铬合金,但铁铬合金中究竟含有多少铬才符合要求,就必须进行各种实验。1912年布里尔莱在实验中发现，对由电炉炼成的含铬8%、碳0.24%的合金钢进行热处理时，这种合金具有耐腐蚀性，这是不是军方需要的不锈钢呢？发明家布里尔莱和他的雇主们发生了争执，军方宣布这不是他们用来制造武器的材料。布里尔莱主张用这种合金制造耐腐蚀的刀具，公司没有征得发明家同意就让两家刀具制造商用这种合金制造刀具，并宣布这种刀具不能用。

英国发明家布里尔莱

发明家的执著、永不气馁的精神是伟大发明成功的重要条件，布里尔莱在受到上述打击后并没有气馁，他自己亲自动手用这种合金制造刀具，这种刀具的确具有抗腐蚀性能。马氏体不锈钢于1914年宣布诞生，首先在法斯公司开始生产。由于生产这种钢工艺复杂、造价昂贵，法斯钢铁公司很快就停止了生产。布里尔莱自己拥有一座名叫贝利的炼钢厂，该厂也曾研制不锈钢，但由于布里尔莱携带"技术秘密"离开了工厂，使得这个工厂研制不锈钢的计划遭到挫折。

1915年，布里尔莱在美国获得马氏体不锈钢专利，美国的一些工厂开始生产这种不锈钢。

铁素体不锈钢的发明者是美国的海恩斯。他出生于印第安纳州一个可可种植者家庭，曾在乔治·霍普金斯大学学习工程，是汽车工业发明的先驱者之一。早在19世纪80年代末期，他在试图解决汽车工业的若干冶金学问题的过程中，就曾研究"司太合金"（钨铬钴合金）。这种合金的特点是高温加热后也不会丧失其硬度和韧性。海恩斯认为这种钢可以做合金钢使用。1912年，他对这种工具钢再一次进行了实验，在实验中发现铁铬合金具有良好的耐腐蚀性。1912年，海恩斯首次就这种合金的发明向美国有关当局提出专利申请。专利局以这种合

金不是新的发明为由加以拒绝。当他第二次申请时，专利局已经批准了布里尔莱马氏体不锈钢的专利。1919年，专利局批准了海恩斯铁素体不锈钢的发明专利。1920年布朗·贝利公司引进了刚刚研制成功的铁素体合金专利，生产商用铁素体合金。这种合金可以进行热加工，也可以进行冷加工，质地较软，特别适合做建筑物和汽车上的装饰物品。

奥氏体不锈钢的发明者是德国的莫雷和施特劳斯。他们是德国克洛伯公司研究部的研究人员，他们经过长期的研究，试制成镍铬合金钢，并于1912年提出专利申请，克洛伯公司立即开始制造这种合金钢。这种合金的特点是耐高温、抗震性强，在食品工业上具有广泛的用途，也可以用以制作化学设备和燃烧室。在莫雷和施特劳斯研制出奥氏体不锈钢之前，吉利特和吉森曾试制出奥氏体合金，他们在论述这种合金钢时，没有涉及不锈钢的最本质的特征——耐腐蚀性，因而他们没有获得不锈钢的发明专利，莫雷和施特劳斯成为奥氏体不锈钢的发明者。

合成洗涤剂
——方便实用的清洁剂

从远古时代起，人们就知道使用清洁剂洗澡和洗衣物，最先使用的是肥皂。古代肥皂不成型，不加香料，只是经过烧煮成膏状碱性物。约在2000年前，高卢人就知道用山羊脂肪做肥皂。

工业上生产肥皂开始于中世纪的欧洲，先是德国马赛和意大利的威尼斯、萨沃那等城市生产。1524年英国的伦敦开始生产肥皂。当时使用的原料是橄榄油和苛性碱。"肥皂"一词是从意大利地名萨沃那演变而成的。肥皂尽管已有几千年的历史了，现在还是人们生活中离不开的清洁用品。

随着社会的进步，人们对自身卫生和所用物品、周围环境的清洁要求越来越高，肥皂已经不能完全满足要求了。特别是洗衣机的出现，限制了肥皂的使用，一种新的清洗剂——合成洗涤剂问世了。合成洗涤剂的发明，给人类提供了一种方便实用的清洁剂。

1886年至1896年间，德国科学院化学家克拉夫特等人观察到非皂化物质具有肥皂的性质。1898年至1900年，美国发明家特威切尔沿着这一方向研究，制成了一种可以分解脂肪的催化剂，这种催化剂实际上就是合成洗涤剂。1913年，比利时科学院化学家赖歇勒尔发现，长链状烷基硫酸盐是一种良好的洗涤剂，它在酸性条件下，性能比肥皂更稳定。第二年，英国科学家马丁和麦克贝恩研究了烷基硫酸盐和其他有烷分子长链的合成物质的洗涤性质和去污能力，发现他们具有普通肥皂所不具备的一些去污特性。但是，科学家在实验室里取得的上述成就，因为成本太高而无法进行工业生产。

合成洗涤剂出现之前被广泛使用的肥皂

第一次世界大战时期，由于协约国的封锁，使德国严重缺乏天然油脂，肥皂供应十分困难。这时巴登苯胺苏打公司的两位化学家贡特尔和黑格尔开始从事合成洗涤剂的研究。1917年，他们发明了比较粗糙的合成洗涤剂，主要成分是丁基萘磺酸钠，商品名称叫"内卡尔"。由于洗涤效果不佳，德国燃料公司将其当作纤维工业的润湿剂销售。

20世纪20年代，德国组成若干科学家小组继续研究合成洗涤剂，一些承担供应纤维任务的公司也参与其中，其目的是发现可以取代纤维加工肥皂的代替用品。他们通过使用天然脂肪酸做原料，改变羟基基因，将其置入硫酸酯分子排列中，将脂肪酸变成脂肪醇，再经硫酸处理制成肥皂的代用品。脂肪醇成为合成洗涤剂的重要成分，它是1903年用钠还原法在实验里制造出来的。

实验室制取合成洗涤剂

链接 Links

合成洗涤剂对环境的影响

（1）洗涤剂中的磷导致水质的富营养化，导致赤潮、藻华的形成。

（2）三聚磷酸钠严重污染水源，不知不觉中损害着人们的健康。

（3）三聚磷酸钠和硅酸钠对皮肤有强烈的刺激作用。

（4）荧光增白剂能使人体细胞发生突变，诱发癌症，还会影响人的生殖能力。

1929年德国海德尔堡公司的施劳恩博士发明了把脂肪酸变成脂肪醇的催化加氢法，研制成功了主要成分是脂肪醇与硫酸盐的结合物，这是适用于洗涤羊毛的合成洗涤剂，但洗涤棉布的效果不佳，有待于进一步改进。

1930年，德国染料公司的戴姆勒和普拉茨试制成与施劳恩洗涤剂性能不同的洗涤剂，适用于工业上的应用，取名为"伊格彭斯"，由法本化学公司负责经销。

初期的合成洗涤剂存在的主要的问题有两个：一是去污力不强，二是成本过高。这就妨碍着合成洗涤剂的普及。

瑞士化学家阿格塞在研究中发现，加进复合磷酸盐可以大大增强合成洗涤剂的去污能力。实验证明，在一般合成洗涤剂中增加复合磷酸盐成分以后，确实增强了去污能力，不仅适用于洗涤毛织品，同样适用于洗涤棉布。阿格塞取得了在洗涤剂中加入硫酸盐的专利。美国、德国和欧洲的其他一些国家也先后在自己生产的洗涤剂中加入硫酸盐，以提高洗涤效果。

20世纪30年代，合成洗涤剂的一个重要发展是开始使用石油基做原料。用石油基原料生产的合成洗涤剂不仅性能良好，而且由于原料充分、价格低廉，大大降低了生产成本。

最能吸引普通消费者的是在合成洗涤剂中加入荧光剂。荧光剂在洗涤中会被布料吸收，并通过把太阳中的紫外线变成蓝色可见光而增加被洗涤布料的表面光泽。德国的分析化学家克赖斯在1929年发现：微量的荧光物质会使织品更加光亮。德国染料公司于1941年首次获得在洗涤剂中使用荧光材料的专利。第二次世界大战以后，由于大肆宣传，各种洗涤剂在工业发达国家很快得到普及。

上面提到的合成洗涤剂都属于阴离子洗涤剂，一般呈粉末状。还有另外两种合成洗涤剂：一种是非离子洗涤剂，这种洗涤剂具有阴离子洗涤剂的同样作用，但

同肥皂相比，洗涤剂更适合洗衣机使用

是不产生泡沫。从20世纪30年代开始，英国生产的"斯特金"洗涤剂就属于这一种。还有一种阳离子洗涤剂，虽然洗涤效果欠佳，但具有一定的杀菌功能，也受到一些人的欢迎。从1933年开始，英国帝国化学公司开始生产这种洗涤剂。

　　合成洗涤剂是通过化学作用产生去污能力的，这是因为洗涤剂长链分子中含有两个原子团，一个能溶于水，不溶于油；另一个能溶于油，但不溶于水。洗涤剂通过降低水的表面张力的方式，湿润和加入到脏的衣物中，将其微粉包围起来，使其产生相同电荷而不再相互吸引。泡沫提供了机械帮助，使脏的微粒悬浮起来，使其不能再回到衣物上，同时，油的威力也被乳化，衣物就干净了。

　　洗涤剂同肥皂相比，更适合于洗衣机使用，且能通过驱散浮垢的方式用于硬水之中。因而其使用量已经大于肥皂的两倍，受到广大消费者的普遍欢迎，但是，随着大量生产和人们过度使用，其中所含的化学有害物质渗入地下，给环境带来了不可小视的污染。

洗涤剂被广泛应用于现代生活中

拉链

——应用广泛的日用机械

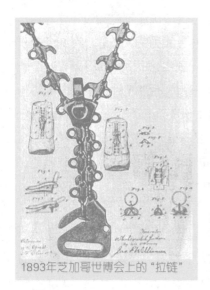

1893年芝加哥世博会上的"拉链"

拉链又称滑动锁扣，俗称拉锁。它被广泛地应用于衣服、鞋、手提箱及其他一些需要经常开合的物件上，是一种普通而又可靠的日用机械。拉链的发明给人类日常生活带来了极大的方便，是20世纪一项了不起的发明。

一般人也许对于拉链的发明不以为然，但它的出现和完善却经历了众多发明家几十年的努力。美国国家科学院前院长图外特对拉锁的发明给予高度评价，1943年，他在纽约大学《技术展望》的致辞中，称发明拉链是机会微小的真正创造性的成就。

发明拉链的最初想法是缝纫机发明人埃里亚斯·豪于19世纪中期提出来的。他曾提出"自动锁合服装"的想法，并取得专利。这与现代拉链有些共同之处，不知什么原因，豪的专利没有投入实际应用。

1893年，美国芝加哥的一位机械技术员贾德森曾就"通过滑动装置实现自动锁合的器件"取得专利。由于他没有充分认识到这种装置的广泛用途，在申请专利时仅陈述了用于鞋子方面的单一作用，称为"鞋用勾环锁扣"。这种锁扣与现代拉链不同，它是垂直于需要锁合的开缝的。

第二年，贾德森结识了在军队中供职的律师沃尔克。当沃尔克得知贾德森的发明以后，对机械锁扣产生了兴趣，他们共同组建了生产推销锁扣机械的芝加哥通用拉链公司。在长达10年之久的时间里，这个公司利用手工方式生产贾德森发明的锁扣机械。但由于锁扣不完善，用途不大而一直销路不畅。

1905年，贾德森设计出一种合适于大规模生产的新式拉链。它的特点不是把

上　耳

拉链主要分为布带、牙齿（拉链齿）、
拉头（开口部件）三大部分。

拉　头

开合拉链时，控制拉链齿咬合或分
开。根据用途不同，分为很多种类。

拉链齿

齿件咬合部位称为拉链齿，咬合时，
拉链即产生作用。

布　带

配合拉链专门而制造。
主要是聚酯纤维带，但是视用途，也
有合成纤维带、棉布带等。

"锁扣"专利获得
者——贾德森

拉链的发明人——
逊德巴克

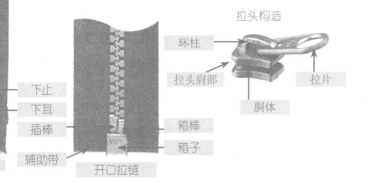

拉头构造

环柱

拉头肩部

拉片

胴体

下止

下耳

插棒

箱棒

箱子

辅助带

开口拉链

紧固件搞成锁状联结，而是简单地固定在布带边缘上，这种新产品被称为"一拉就
成"。通用拉链公司雇用一些人到服装行业各厂推销，但却很少有人对这种新玩意儿
产生兴趣。因为它有两个缺点有待克服：一是锁紧装置往往在不恰当的场合松开，用
在服饰方面往往使人难堪；二是由于金属件比较尖锐，容易碰坏织物。

　　1906年，通用拉锁公司改名为"自动钩环公司"，并邀请了一位从瑞典移居美国
的工程师逊德巴克，从事新式钩环装置的研制工作。逊德巴克很快研制成功新的钩
环，其特点是不会从钩隙脱落，需要一定力气才能拉开。1911年，逊德巴克又发明了

链接 Links

拉链是在**1930**年由日本传到我国上海的，到1933年在上海先后有王和兴、吴祥鑫和三星（即华光）三家拉链厂成立。现今，我国已经成为世界上最大的拉链产品生产国。据介绍，我国是全球拉链生产成本最低的国家之一，平均成本为发达国家的1/3。据统计，2004年全球拉链市场销售额已达500亿元人民币，其中来自中国大陆的销售额大约为250亿元人民币，占50%左右。其中，福建晋江为我国拉链生产加工基地和主要集散地，晋江市现有拉链制造企业300多家，从业人员5.5万人，年产拉链50多亿米，年产值50亿元，2004年被中国五金制品协会授予"中国拉链之都"的称誉。

一种无钩紧固件，但这种新式拉链因容易磨损布边而没有得到广泛应用。

这一年，女发明家库存恩·穆斯和福斯特发明了一种没有钩子的金属拉锁装置，获得了瑞士专利。这种拉锁装置和现代拉链十分相似，但并没有被推广开来。1913年，自动钩环公司负责人阿伦森提出了现代分离式拉链的原理，而逊德巴克在改进粗糙锁紧装置方面也取得了较大的进展，办法是把金属锁齿附在一个灵活的轴上，这使拉链向现代化和通用化迈进了一大步。

直到1917年以前，拉链的销售情况一直不佳。逊德巴克认为关键在于去掉钩子，而改用其他的紧固方法，那就是滑动锁扣的方法。1917年，一位纽约的裁缝设计出一种采用滑动锁扣方式开合的放钱用的腰带，在水兵中很受欢迎。要想使滑动锁扣大量生产，必须改进生产工艺，这一任务由逊德巴克于1923年完成，这是一部自动制链机。

在这之前，制造拉链的方法是将齿一个一个冲压出来，加以打磨除去毛边，电镀后用手工方法将其插入定位器中，定位器插满以后，将一条带边的带子穿到各个齿的两腿中间，再用压力机将腿夹紧在带子上。逊德巴克的自动制链机提高了工艺水平，节省了原料，大大地提高了生产效率。

大量生产以后，推广应用就成了重要一环。一位小说家在拉链的宣传上起到了意想不到的作用。1926年，小说家弗朗科参加了一次工商界为推广一种拉链样品而举行的午餐会。在午餐会上弗朗科形象地说："一拉，它就开了，再一拉，它就关了，这就是拉链。"于是"拉链"这个名称就被正式启用了。很有影响的固特立服装公司在夹克服上采用了拉链，赢得了人们的好评。由于这一器件通过拉动能锁能开，人们便形象地称其为"拉锁"。

但是，要把拉链推广到千家万户，使之成为家庭用品，必须取得妇女界的支持。20世纪20年代美国很有影响的服装权威夏帕雷莉自己做了一件长袍，从脖子到衣服下摆用了一条惹人注目的长拉链。这使一般妇女欣然接受了拉链，使拉链迅速推广开来。

塑料工业的发展给拉链提供了理想的材料。以前的拉链用铜、铝或镍银合金制造，由于用量大，材料来源趋于紧张，迫使人们去寻找金属的代用品。第二次世界大战后，首先在德国制造出塑料拉链，前联邦德国的GMBH公司是第一家生产塑料拉链的公司。

塑料拉链的发展凝聚着许多发明家的劳动。其中美国人汉森1942年发明了将塑料圈熔合到带子上的方法；1951年，沃乐取得了在单个芯轴上绕两根成型塑料线方法的专利。其后，德国的两位发明家分别获得梯架塑料拉链专利和凹槽的塑料线专利。有凹槽的塑料线可以直接纺织到装置拉链的带子中。1968年，澳大利亚发明家卡克松发明了一个可以连续塑料拉链齿的系统，这使塑料拉链得以大量生产。

一般塑料拉链有一个很大的缺点，就是不耐熨烫。为了解决这一问题，1969年，美国人发明了用耐热的聚酯尼龙制成的拉链，熔点可以达到204摄氏度，这种塑料拉链可以安全熨烫。

拉链这种简单而又标准化的器件经历了90多年的发展历程，现在可以说已经定型。今后将向哪个方向发展呢？一是生产出特殊用途的拉链，比如用于人或动物内脏器官的手术开合；另一个是用在使用一次就丢弃的物品比如纸衣服方面。拉链这一日用机械的用途会更加广泛。

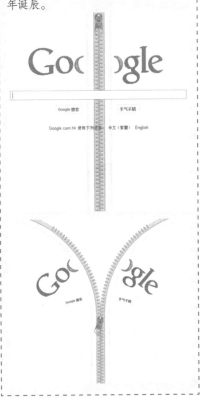

圆珠笔

——理想的书写工具

笔的"祖先"——毛笔

古代西方广泛使用的鹅毛笔

笔是人们进行书写、绘画、记录文字和图形以进行文化交流的重要工具。人们学习、生活生产和各种活动天天在使用各种笔。人类从用一根用来在尘土上或泥板上划的削尖的棍子转变成用笔记下文字，这是人类文明进步的标志。在笔的历史中，最早出现的是毛笔，然后是铅笔、自来水笔，最后是圆珠笔。圆珠笔虽然看似不起眼，但是多位发明家潜心研究、不断改进、长期实验的结果。圆珠笔给无人不做的书写带来了简单、实用、方便，成为人类在20世纪30年代的一项重要发明。

人类使用墨的历史已有5000年了。在公元前3000年左右，古埃及和中国发明了墨，于是就把动物毛扎在竹竿上蘸墨写字、绘画，这就是最早的笔了。

铅笔的使用最早出现在16世纪。德国血统的瑞士人格斯纳于1565年发表了一篇关于化石的论文，首次提到一种用木材裹着铅条的书写工具。但是直到19世纪初，铅笔才被普遍使用。这时，在西方铅笔和鹅毛笔同时使用。在长达3个世纪的时间里，铅笔之所以没有发展起来，大概是因为作为铅芯原料的并不是廉价的石墨。

直到1795年，康特发明了石墨制造铅笔的工艺，才使铅笔大量生产。19世纪50年代，把苯胺染料用于制造铅笔以后，出现了各种颜色的彩色铅笔，其用途也由单纯书写发展到绘画、标记产品、化妆等许多方面。

铅笔使用起来尽管很方便，但由于容易擦去，不易长期保存，促使人们去发明其他的书写工具。19世纪开始出现了自来水笔，即我们所说的钢笔，并逐渐成了主要的书写工具。

自来水笔最早是于1809年在英国出现的。但早期的贮水钢笔，墨水不能自动流下，需要写字的人压一下活塞，墨水才能流下。1884年，美国一家保险公司的雇员沃特曼发明了利用毛细管供给墨水的方法，给自来水笔带来了较大的改观。他制造的自来水笔笔端可以自由卸下，墨水用一个小的滴管注入。

20世纪初，出现了可以灌水的钢笔，采用的是挤压皮囊的方法。1908年，即在自来水笔出现100年之后，才出现了用控制杆吸水的自来水笔，而采用毛细管吸水的自来水笔出现于20世纪50年代。

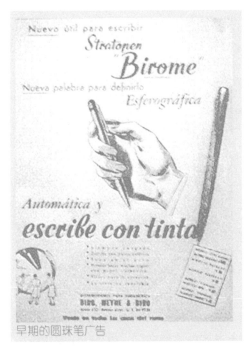

早期的圆珠笔广告

由于自来水笔具有许多优点，所以长用不衰，这也是另一种书写工具——圆珠笔出现比较晚的原因之一。

圆珠笔是一种在笔的端部装一个小滚珠作为纸上滚动油墨的笔头，笔的内部装有特殊的油墨，可供较长时间使用的方便的书写工具。它的发明人是匈牙利两兄弟拉迪斯劳·比罗和乔治·比罗。

拉迪斯劳是一位画家和记者，他的弟弟乔治是一位化学家。拉迪斯劳曾在一个印刷厂从事稿件校对工作，一方面他需要经常把自来水笔伸进墨水中吸墨水；另一方面，又要经常用吸水纸吸掉滴在校样纸上的墨水。这样，既影响校对工作效率，又使校对者感到十分麻烦。拉迪斯劳想，如果有一种既不需要经常蘸墨水，又不滴落墨水的笔该有多好啊！于是他开始研制这种笔。

20世纪30年代后期，比罗兄弟在布达佩斯进行实验，于1938年取得了专利。第二次世界大战爆发后，兄弟二人于1943年移居南美洲的阿根廷居住。继续从事新式书写笔的发明工作。他们在阿根廷还找到了一位

资助者——英国金融家亨利·马丁。在马丁的资助下，兄弟二人成立了试制圆珠笔的公司。在研制的过程中，比罗兄弟首先解决活塞式笔芯的问题，把金属小滚珠装在油墨通路的底部，依旧采用毛细管输送油墨。这就是最初的圆珠笔。由于圆滚珠是笔的关键部件，就把这种新发明的笔称为"圆珠笔"，也有很多人称其为"油笔"。

资金实力雄厚的马丁在英国建立了一座生产圆珠笔的工厂，最先为皇家空军生产圆珠笔，使这种笔很快在军队中推广开来。这种笔由于不漏墨水、书写流畅而受到欢迎。不久，英国的斯万公司被生产圆珠笔的业主接管，成为一家大型企业。

后来，法国的比克公司又接管了这一企业，生产出一种价格低廉的一次性圆珠笔，这种圆珠笔不需要重新灌油，使完后即扔掉。

1945年，美国的实业家雷诺兹到南美做生意。他在布宜诺斯艾利斯市场上发现了正在出售的比罗的圆珠笔，他把这种笔大量带回美国。在销售中雷诺兹发现，这种圆珠笔的设想在美国也曾有过。事实上，一名叫做劳德的美国人，曾在1888年获得了一种圆珠笔的专利，这种笔比较粗糙，专为仓库打包时在货物上做记号用。在未获得广泛应用之前，专利的有效期已过，因此劳德的圆珠笔未获得商业价值。

尽管比罗的发明在美国虽然说不上侵犯专利权，但劳德的发明专利对比罗的圆珠笔在销售上有些影响。雷诺兹认为应该改进油墨的输送系统，以免在专利方面引起争议。于是在一名技术人员帮助下，把油墨的液体供给

圆珠笔芯结构示意图

系统改为用重力输送油墨到笔头。美国军方购买了大量的这种简单而实用的圆珠笔，发给士兵，受到了普遍欢迎。

圆珠笔形状定型以后，改进油墨就成了一个主要问题。因为灌在圆珠笔腔中的油墨写到纸上长时间不易干，扩大着它的应用范围。油墨的改进归功于出生于奥地利的美国化学家西奇。西奇住在美国加利福尼亚，他在自己的厨房里研制新型油墨，终于发明了以乙二醇为主要成分的油墨。这种油墨的特点是接触空气后很快形成一层薄膜，并立即干燥，这十分适用于作为圆珠笔油墨，可以保持纸面的清洁，并可使圆珠笔笔头在不用时缩回。弗洛利公司最先在市场上推出这种新型油墨的圆珠笔。

圆珠笔之所以在铅笔和自来水笔还在盛行时占领市场，还在于它适于在水中书写。第二次世界大战后，纽约的市场出现了这样的标语："圆珠笔是唯一可以在水中书写的笔。"在纽约金贝尔斯商店的玻璃橱窗里，放着一个水箱，一个人把圆珠笔伸进水箱里在书写，这吸引了5000多人前来围观，他们都想试试这新奇的防水笔，并纷纷购买这种笔，于是圆珠笔很快占领了市场，并很快在世界上推广成为人们理想的书写工具。

链接 Links

圆珠笔画，即圆珠笔创作的绘画作品，因圆珠笔多为蓝色，故蓝色圆珠笔画居多，也有一些彩色作品。圆珠笔细腻，层次丰富，较钢笔更能进行细节刻画；表现力强，甚至能画出厚重的油画效果；技法比较单一，便捷容易上手，正因如此深受广大群众接受和喜爱。

现今，圆珠笔画已成为被社会大众和业内都接受的画种，一般和钢笔画归纳在一起。普通作品价格从2000~8000元不等，画卷每平方尺3000~6000元。其艺术价值随着艺术品收藏热的升温，将有更大的升值空间。

图为2012年辰溪首届钢笔画艺术节上，画家何淳（妖叉叉）捐赠的一幅彩色圆珠笔画作品《秘在形山》（局部），以供组委会研究其技法与价值。

荧光灯

——光线柔和而又省电的照明灯

光明是人类生活中最基本的要求之一。给人类带来光明的光源除了自然界的太阳、月亮以外，就是火和各种各样的灯了。

人类最早使用的灯是油灯和蜡烛，接着出现了带白炽罩的气灯，1879年电灯的问世使照明灯具出现革命性进展，而荧光灯光线酷似日光、光线柔和、节约电能，受到普遍的欢迎。它的发明始于19世纪50年代，在20世纪30年代取得成功并得以广泛应用。

在叙述荧光灯的发明之前，我们先来回顾一下灯的历史。

远古时代最原始的灯是用挖有坑的石头做成的。在坑里放上脂肪，点燃后即可照明。后来，人们把植物纤维捻成绳放在脂肪中，成了灯芯，点燃后进行照明，这样的油灯一直使用了若干世纪。

油灯最大的改进是在上部加玻璃灯罩，这一改进出自著名画家达·芬奇之手。他用充满水的空心管做灯罩，既起挡风作用，又能将灯光放大。油灯除了室内照明之外，还于1681年首次用于伦敦的街道照明。

继油灯之后，人们开始使用点燃天然气的煤气灯。气灯的白炽罩是19世纪80年代一位名叫维尔斯巴奇的贵族最先发明的，带有白炽罩的煤气灯在电灯发明之前是有钱人家和讲究场合的

荧光灯发明之前的各种照明工具

高贵象征。

电的发现是人类进入文明时代的伟大标志。1879年，大发明家爱迪生和斯旺发明了白炽电灯，它带给人类无与伦比的光明。但电灯的白炽灯泡会刺激人的眼睛，这使发明家们努力去寻找以电为能源又不刺眼的其他形式的灯，荧光灯就是其中一种。

荧光灯是利用长期以来为人们所熟悉的两种科学现象制成的：一种是紫外线辐射能使某物质发生荧光；另一种现象则是在低压下水银放电能产生大量人眼可见的紫外线辐射。第一种现象是1852年由斯托克斯最先发现的。

著名科学家居里夫人的老师、法国科学家贝克雷尔曾发现过某些元素具有放射性，但他没有深入研究，把这个题目留给了他的学生，他自己却把兴趣放在研制荧光灯方面。1857年，贝克雷尔试制成一种荧光灯，使用的是盖斯勒管，这种管子可以证实在某种稀薄气体中放电能引起闪光。他把管子内壁涂上一种磷化合物，使管子在闪光作用下发出荧光，这就是最早出现的荧光灯。

但是，这种最初的荧光灯发光效果比较差，类似电视机的荧光屏，既不亮，也不稳定，缺少实用价值。是不是荧光材料不适合呢？许多国家的科学家都在探讨这一问题。发现有数百种物

链接 Links

"发明大王"——爱迪生

1847年2月11日，爱迪生诞生于美国俄亥俄州的米兰镇。父亲是荷兰人的后裔，母亲曾当过小学教师。爱迪生7岁时就患了猩红热，病了很长时间，很多人认为这种疾病是造成他耳聋的原因。爱迪生8岁上学，但仅仅读了3个月的书，就被老师斥为"低能儿"而被撵出校门。从此以后，他的母亲成了他的"家庭教师"。

由于母亲的良好教育方法，使得他对读书发生了浓厚的兴趣，幼年的爱迪生不仅博览群书，而且还很爱发问。家人也好，路上的行人也好，都是他问问题的对象，当他对于大人的答复感到不满时就会亲自去实验。

正是由于他这种勤奋好学、勤于思考的品质，爱迪生一生发明创造了电灯、留声机、电影摄影机等1000多种成果，为人类做出了重大的贡献。

时至今日，当人们点亮电灯时，每每都会想到这位伟大的发明家，是他，给人类社会带来无穷无尽的光明。1979年，美国曾花费几百万美元，举行了长达一年之久的纪念活动，来纪念爱迪生发明电灯100周年。

天才是百分之一的灵感，百分之九十九的汗水。——爱迪生

我不以为我是天才，只是竭尽全力去做而已。——爱迪生

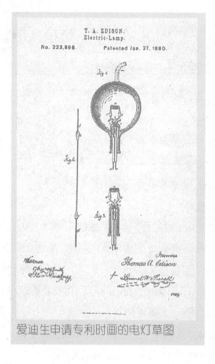

爱迪生申请专利时画的电灯草图

质在一定波长的辐射下都会发出荧光。但是怎样具体改进荧光灯的发光使其投入应用呢？尽管许多科学家煞费苦心，但在长达半个世纪的时间里却没有进展。

20世纪初，美国发明家休伊特试验成功低压水银放电管，用它作为电灯效果比当时的白炽灯要好些，但放出的是蓝色光。怎样对光线改进呢？休伊特企图用一种碱性变色剂，但由于这种变色剂颜色变化太快，没有获得成功。尽管改进荧光灯的工作进展不大，但在众多发明家从事这一工作时，却获得了一个意外的收获——发明了霓虹氖灯。它是由法国化学家克劳德发明的。在色彩调制试验中，克劳德对荧光粉在电灯中的使用方法颇有研究，使霓虹灯在20世纪20年代以后在橱窗广告方面大显身手。

法国发明家里斯勒于1923年最先发明了在放电管外侧涂敷荧光粉的方法，但这种方法并不实用。10年之后，他获得了在放电管内壁涂敷荧光粉方法的专利，使荧光灯开始在探照灯和商店广告中应用。当时法国的克洛德公司和德国的一些公司也都在开展这一领域的研究，他们研制的荧光粉不是增强光量，而是改进照明颜色，这就限制了荧光灯的广泛使用。

1934年末，美国通用电气公司顾问康普顿向企业提供了欧洲研究冷阳极荧光灯进展的情况，这促使通用电气公司着手研究普通的荧光灯。该公司的英曼博士率先研究成功一项把实用灯的各因素结合起来的成果。他指出，要想获得较好的照明效果，水银蒸气的放电效应必须能发出最强的紫外线辐射，还要涂敷决定其辐射强度的荧光材料。康普顿的工作和英曼博士的发明，解决了荧光灯的关键问题，为荧光灯的推广普及提供了有利条件。

20世纪30年代后期，用某种化学荧光物质涂在玻璃内壁上制成的荧光灯，开始出现在家庭、工厂和机关的办公室内，这种荧光灯使用电压低，比白炽灯光线柔和，经济实用。

具有5种颜色可供选择的荧光灯，出现在1939年举办的纽约世界博览会上。1955

年以后，荧光灯取代白炽灯在美国成为主要的照明用电灯。这种现代荧光灯是一根长的充气玻璃长管，管子的内壁涂有一层荧光粉，当看不见的电弧在灯管两端的两个电极之间通过时，紫外线便使荧光粉受激而发出亮光。这种灯所需要的电压比一般白炽灯低得多，因为发出的光是"冷光"，大大提高了把电能转换成光的效率。荧光灯还有一种优点，就是可以通过改变荧光粉的组成得到不同明暗度和不同颜色的灯光。

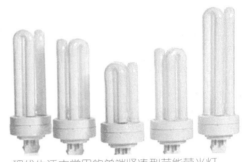

现代生活中常用的单端紧凑型节能荧光灯

值得提出的是，发明家们在发明荧光灯的过程中，还得到一种"副产品"，就是目前广泛用于街道照明的"气体放电灯"，包括黄颜色的钠蒸气灯和蓝绿色的汞蒸气灯，它们是20世纪30年代从氖灯发展而来的。这种灯使用低压下的金属蒸气做导体，电流使蒸气达到一定的亮度，用以照明。虽然，气体放电灯的颜色比较单调，但却有一个最大的好处，就是不耀眼，使司机和行人容易辨认马路上的物体。还有一个好处，就是这种光不容易被雾散射。另外，耗电量也比较低，在马路上用以照明是十分理想的。荧光灯的发明和广泛使用给人们带来了光线柔和又省电的照明灯具。